SAMMLUNG GÖSCHEN BAND 984

Die wichtigsten Baustoffe des Hoch- und Tiefbaus

Von

Otto Graf
Dr.-Ing. E. h.
o. Professor an der Technischen Hochschule Stuttgart

Vierte, verbesserte Auflage

Mit 63 Abbildungen

WALTER DE GRUYTER & CO.
vormals G. J. Göschen'sche Verlagshandlung · J. Guttentag, Verlagsbuchhandlung · Georg Reimer · Karl J. Trübner · Veit & Comp.

Berlin 1953

Archiv-Nr. 11 09 84
Druck von Otto von Holten, Berlin W 35
Printed in Germany

Inhalt

Der vorliegende Abriß gibt Aufschluß über die wichtigsten Eigenschaften der Baustoffe. Umfassendere Angaben finden sich im „Handbuch der Werkstoffprüfung", Band III (Verlag Julius Springer, Berlin), ferner in Graf, „Die Baustoffe", 2. Auflage (Verlag Konrad Wittwer, Stuttgart).

I. Hölzer

Die im Bauwesen brauchbaren Hölzer sind überaus mannigfaltig. Die Auswahl geschieht nach den örtlichen Bedingungen, die technischer und wirtschaftlicher Art sind.

In Deutschland wird zu Tragwerken vorzugsweise das Holz der Fichte (Rottanne), der Tanne (Weißtanne), der Kiefer (Forche, Föhre) und der Lärche benutzt; zu besonders hoch beanspruchten Teilen (Türschwellen, Treppen usw.) sind das Eichenholz und das Buchenholz geeignet.

Für die Berechnung der Tragwerke aus Holz sind DIN 1055, Lastannahme für Bauten, sodann die Bestimmungen für die Berechnung und Ausführung von Holzbauwerken (DIN 1052) und die Berechnungs- und Entwurfsgrundlagen für hölzerne Brücken (DIN 1074) zu beachten.

1. Aufbau der Hölzer

Abb. 1 zeigt den Querschnitt von gutem Kiefernholz. Die Jahresringe sind deutlich erkennbar. Jeder Ring ist in einem Jahr gewachsen, beginnend im Frühjahr mit dem hell erschei-

[1]) Vgl. Trendelenburg, Das Holz als Rohstoff, sodann Kollmann, Technologie des Holzes, 2. Auflage; ferner Lang-Baumann, „Das Holz als Baustoff", 2. Aufl.; auch Stolper, Bauen mit Holz, 3. Aufl. Abschnitt „Der Baustoff Holz", sowie Archiv für Technisches Messen, Abschnitt „Prüfung von Holz", auch Taschenbuch für Bauingenieure, S. 348f. Ferner sei auf die Mitteilungen des Fachausschusses für Holzfragen und der Deutschen Gesellschaft für Holzforschung verwiesen.

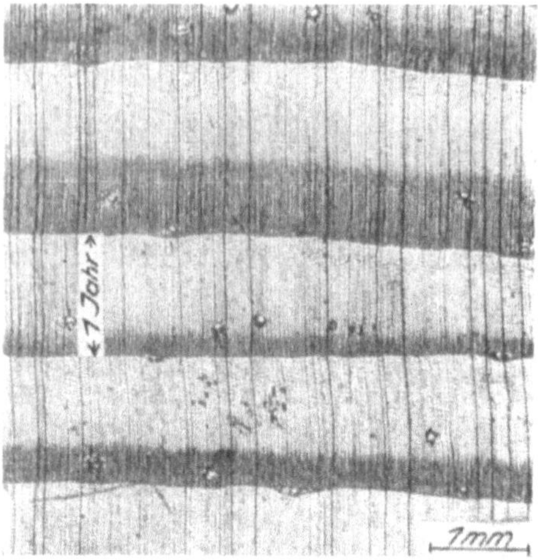

Abb. 1. Querschnitt durch Kiefernholz

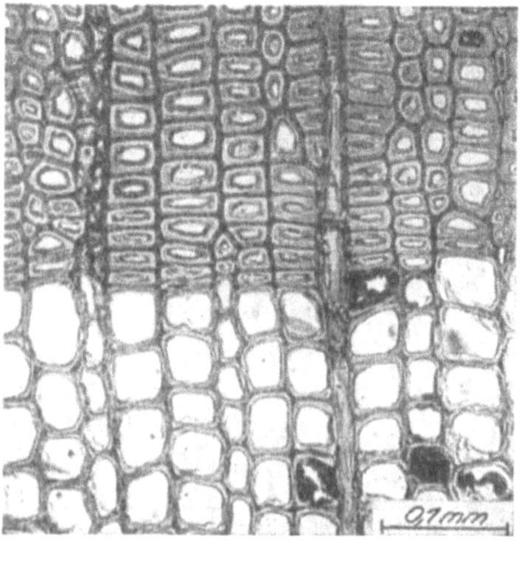

Abb. 2. Querschnitt durch Kiefernholz

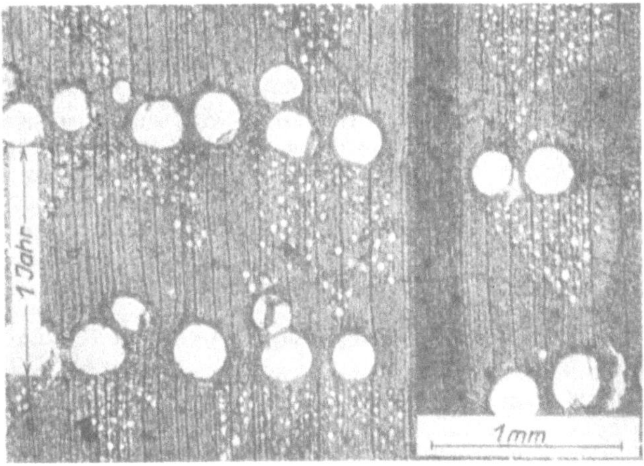

i

Abb. 3. Querschnitt durch Eichenholz

nenden Teil, endigend mit dem dunkel hervortretenden im Herbst. Bei *i i* ist die Grenze, in welcher das Wachstum im Herbst aufhörte, im nächsten Frühjahr sich fortsetzte. Abb. 2 zeigt das Grenzgebiet eines Jahresringes in stärkerer Vergrößerung; man sieht hier weite, dünnwandige Röhrenquerschnitte vom Frühjahr, enge dickwandige vom Herbst.

Nach diesem Bild ist zu erwarten, daß das Frühholz geringere Druck- und Zugfestigkeit aufweist als das Spätholz, ferner daß für die Beurteilung der Holzfestigkeit der Anteil der dickwandigen Röhren wesentlich ist. Versuche haben diese Annahme bestätigt.

In Abb. 3 ist der Querschnitt von Eichenholz wiedergegeben. Die Begrenzung der Jahresringe liegt bei *i i*. Der Vergleich von Abb. 2 und 3 zeigt, daß das Eichenholz (ringporiges Laubholz) wesentlich anders aufgebaut ist als das Kiefernholz; Abb. 2 ist kennzeichnend für Nadelholz.

2. Festigkeiten, insbesondere Druckfestigkeit der Hölzer

Die Widerstandsfähigkeit des Holzes, ist von Stamm zu Stamm, auch im Stammquerschnitt, verschieden, ferner besonders vom Feuchtigkeitsgehalt abhängig. Die Jahresringe sind abhängig von den örtlichen Verhältnissen verschieden breit, der Anteil des Spätholzes an den Jahresringen ist auch sehr verschieden. Deshalb zeigt das Holz aus dem gleichen Wald und demselben Stamm oft sehr verschiedene Festigkeit.

Die Veränderlichkeit der Druckfestigkeit mit der Feuchtigkeit erhellt u. a. aus der Zusammenstellung 1 und aus Abb. 4.

Zusammenstellung 1

Veränderlichkeit der Druckfestigkeit (kg/cm²) ursprünglich frisch gesägten Nadelholzes bei trockener Lagerung

Dauer der trockenen Lagerung	Stab a	b	c
Wenige Tage	146	173	209
7 Monate später	263	280	339
14 Monate später	305	340	435
20 Monate später	344	342	412
32 Monate später	347	351	403

Dabei ist wichtig, daß die höhere Festigkeit des trockenen Holzes bei erneuter Aufnahme von Wasser wieder verlorengeht.

Von großer praktischer Bedeutung ist die Abhängigkeit der Festigkeit von der Lage der Kraftrichtung zur Faserrichtung. Bereits Abb. 2 deutet an, daß die Widerstandsfähigkeit des Holzes in hohem Maß von der Richtung abhängig sein muß, in welcher die Beanspruchung stattfindet, weil das Holz ein Röhrenbündel ist. Abb. 5, gültig für Tannenholz, gibt hierzu in dem gestrichelten Linienzug Aufschluß. Bei 15° Neigung der Kraftrichtung gegen die Fasern wurde die Druckfestigkeit zu rund $^{7}/_{10}$, bei 45° zu rund $^{1}/_{4}$ der Druckfestigkeit ermittelt, die sich bei Belastung parallel der Stammachse einstellte.

Erfolgt die Druckbelastung parallel den Fasern, so tritt an der Grenze der Widerstandsfähigkeit in der Regel örtliches Ausknicken der Wände der Holzröhrchen auf, wie dies in weitgetriebenem Maße an den beiden in Abb. 7 links und rechts dargestellten Prismen ersichtlich ist.

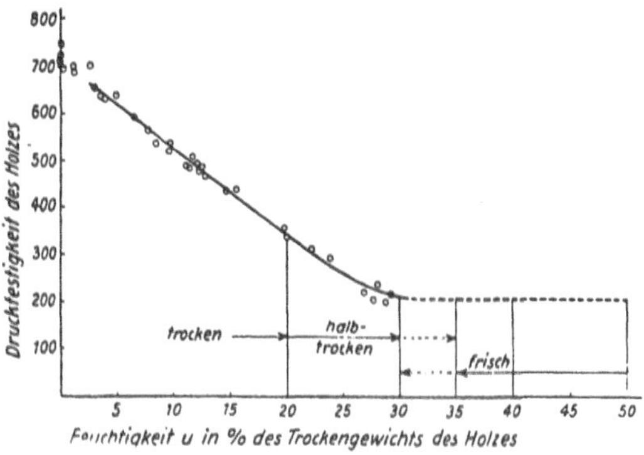

Abb. 4. Druckfestigkeit von Tannenholz (kg/cm^2) in Abhängigkeit von der Feuchtigkeit

Bei Belastung quer zur Faser kann meist von einer eigentlichen Druckfestigkeit nicht gesprochen werden. Nach Erreichen einer gewissen Last, in Abb. 6 von P_1 an, wächst die Zusammendrückung so rasch, daß damit die Verwendbarkeit zu Bauteilen begrenzt wird. Abb. 7 zeigt in der Mitte ein derart belastet gewesenes Prisma, das vor der Prüfung die gleiche Höhe besaß wie die beiden daneben abgebildeten Körper.

Äste, Verwachsungen usf. sind von Unregelmäßigkeiten im Verlauf der Fasern begleitet. Nach dem zu Abb. 5 und 6 Gesagten dürfte ohne weiteres verständlich sein, daß die Widerstandsfähigkeit des gesägten Holzes im Falle der Belastung parallel zur Stammachse beim Vorhandensein von Ästen, Verwachsungen u. dgl. kleiner ist als bei astfreiem, geradwüchsigem Holz sonst gleicher Beschaffenheit.

Diese Verhältnisse bringen die Forderung, bei Angabe der Festigkeiten der Hölzer stets zu bemerken, ob es sich um astfreies, geradfaseriges Holz oder um Holz mit bestimmten anderen Eigenschaften handelt. Beispielsweise wissen wir vom deutschen Kiefernholz, daß die Druckfestigkeit von astfreiem

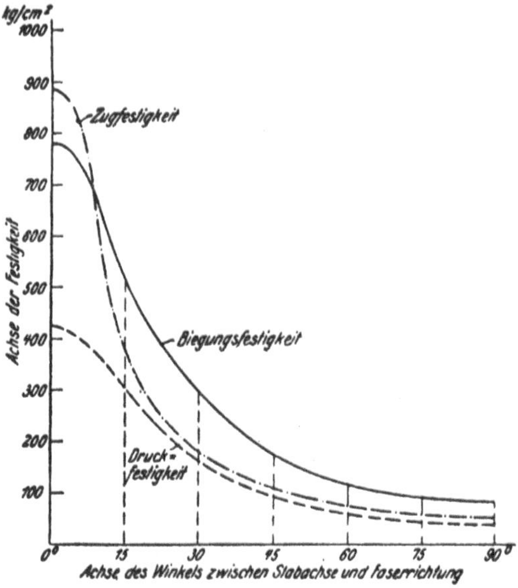

Abb. 5. Abhängigkeit der Widerstandsfähigkeit von Tannenholz von der Lage der Fasern zur Kraftrichtung

geradfaserigem Holz mit rund 20 v. H. Wasser etwa 300 kg/cm² beträgt. Wenn jedoch solches Holz mit dem im Hochbau üblichen Maß astig ist, dazu die Fasern stellenweise erheblich geneigt zur Stabrichtung verlaufen, so wird die Druckfestigkeit erheblich kleiner.

Für das Bauwesen kommt in Europa nur astiges Holz zur Verwertung. Demgemäß sind bei der Beurteilung der Tragfähigkeit der Bauelemente auch die Festigkeiten des astigen, nicht immer geradfaserigen Holzes maßgebend; auch die

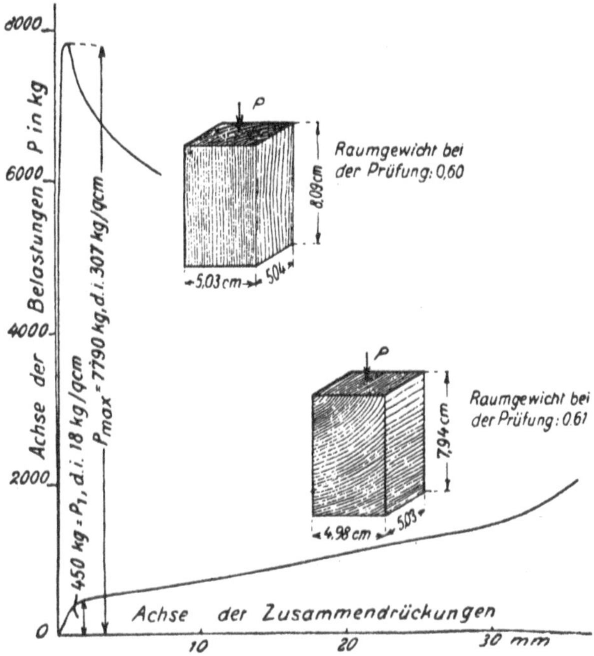

Abb. 6. Gesamte Zusammendrückungen von Nadelholz bei Belastung gleichlaufend und quer zu den Fasern

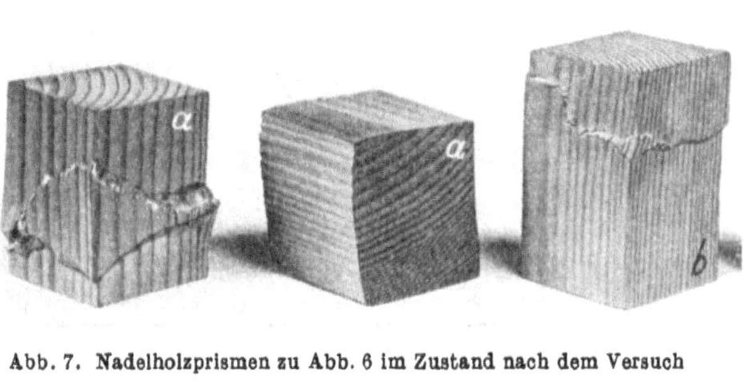

Abb. 7. Nadelholzprismen zu Abb. 6 im Zustand nach dem Versuch

zulässigen Anstrengungen der Bauhölzer müssen auf zulässige Ästigkeit und auf zulässige Abweichungen des Faserverlaufs von der Stabachse abgestimmt sein.

Dies geschieht in DIN 4074 (Gütebedingungen für Bauholz) und DIN 1052 (Berechnung und Ausführung der Holzbauwerke). DIN 4074 stellt fest, was frisches, halbtrockenes und trockenes Bauholz ist, welche Eigenschaften dem scharfkantigen, fehlkantigen und sägegestreiften Bauholz zukommen, ferner welches Holz zu der Güteklasse I (Bauholz mit besonders hoher Tragfähigkeit), II (Bauholz mit gewöhnlicher Tragfähigkeit) oder III (Bauholz mit geringer Tragfähigkeit) gehört. Für jede Güteklasse ist im einzelnen festgelegt, welche Mängel zulässig sind. Im besonderen sei dazu auf Merkheft 2 der Deutschen Gesellschaft für Holzforschung verwiesen, in dem DIN 4074 wiedergegeben und erläutert ist.

Hinsichtlich der Widerstandsfähigkeit von Sattelhölzern (bei Stempelbelastung u. dgl.) ergaben Versuche, daß eine weitgehende Teilnahme des Nachbarholzes in der Faserrichtung[1]) stattfindet. Um gleiche Zusammendrückung des Holzes hervorzurufen, mußte die Pressung auf die Einheit der Lastfläche bei 14 mm breiten Lastflächen das $3^1/_2$fache derjenigen betragen, die bei 180 mm breiter Lastfläche anzuwenden war; bei der letzteren erreichte die Pressung das Doppelte der Belastung, die zu gleicher Zusammendrückung eines Holzwürfels nötig war.

Lange axial belastete Stäbe verhalten sich, wenn sie astfrei und geradfaserig, auch von gleichmäßigem Wuchs sind, nach den Gesetzen, die allgemein für die Knickung gelten. Doch können große Stäbe, wie sie in Bauwerken vorkommen, infolge natürlicher Exzentrität (Äste, Faserverlauf) nicht immer die Belastung tragen, welche aus den Elastizitätsgleichungen für zentrische Belastung von Stoffen hervorgehen, die in ihrem Aufbau gleichartig sind.[2])

Bei der Zugfestigkeit sind Unregelmäßigkeiten des Faserverlaufs, wie sie durch Krümmungen des Stamms,

---

[1]) Selbstverständlich kann die Teilnahme des Holzes neben dem Stempel nur in der Faserrichtung in erheblichem Maß auftreten.

[2]) Graf, Bauingenieur 26 (1951), S. 47 u. f.

durch Äste, Verwachsungen auftreten, von noch größerem Einfluß als bei der Druckfestigkeit. Bei astigen Zughölzern der Güteklasse II fand sich die Zugfestigkeit zu rund $^3/_{10}$ der Festigkeit kleiner astfreier Stäbe aus dem gleichen Holz, in einzelnen Fällen noch kleiner. Deshalb ist es für Zughölzer besonders wichtig, daß vor der Auslese die zulässige Ästigkeit nach DIN 4074 beachtet wird. Im ganzen kann die Zugfestigkeit des Holzes an sich höher erwartet werden als die Druckfestigkeit, vgl. Abb. 5; doch ist von Baugliedern aus trockenem Nadelholz auch beim Vorhandensein weniger Äste nicht vorauszusetzen, daß die Zugfestigkeit im Bereich der Laschenverbindungen usf. wesentlich über 200 kg/cm² liegt.

Die Biegefestigkeit, auch die Widerstandsfähigkeit gegen Schlagbeanspruchung sind nach denselben Richtlinien zu beurteilen wie die Zugfestigkeit.

Die Hölzer zu Türschwellen, Treppen und Fußböden werden auf Abnutzung beansprucht. Der Abnutzwiderstand wird dabei am größten, wenn die Jahresringe senkrecht oder nahezu senkrecht zu den Schnittflächen verlaufen, weil dann das widerstandsfähige Spätholz am besten zur Geltung kommt.

3. Elastizität der Hölzer

Bei unseren Versuchen fand sich der Elastizitätsmodul der Federung bei Zug, Druck und Biegung.

für deutsches Nadelholz zu 60000 bis 170000 kg/cm²,
meist zu 80000 bis 130000 kg/cm².

Dabei waren die Rohwichte und die Wuchseigenschaften maßgebend. Für Eiche lagen die Dehnungszahlen im gleichen Bereich.

Bei Druckbelastung quer zur Stammachse wurde der Elastizitätsmodul der Federung zu rund 700 bis 10000 kg/cm² festgestellt.

4. Schwinden und Quellen der Hölzer

Das Holz hat die — oft sehr unangenehme — Eigenschaft, daß es beimhrocknen seinen Raum verkleinert, also schwindet, bei Wiederaufnahme von Feuchtigkeit seinen Raum vergrößert, also quillt.

Das Schwinden beginnt, sobald der Feuchtigkeitsgehalt des Holzes zur Fasersättigung, die bei rund 25 bis 30 v. H. Wassergehalt liegt, nicht mehr ausreicht; mit abnehmendem Feuchtigkeitsgehalt verringert sich dann der Rauminhalt des Holzes. Vgl. auch Abb. 4.

Der jeweilige Endzustand ist abhängig von dem Feuchtigkeitsgehalt der umgebenden Luft und der Temperatur derselben, weil das Holz hygroskopisch ist; das Holz kann an die umgebende Luft Wasser abgeben oder von dieser aufnehmen, bis jeweils das sogenannte hygroskopische Gleichgewicht erreicht ist.

Beispielsweise erreicht Nadelholz in Luft mit 20° C und 30 v. H. relativer Luftfeuchtigkeit einen Feuchtigkeitsgehalt von 7 v. H., in Luft mit 10° C und 70 v. H. relativer Feuchtigkeit einen solchen von rund 15 v. H.

Das Schwinden des Holzes ist nach den drei Hauptrichtungen sehr verschieden; es ist tangential zu den Jahresringen am größten, kleiner (etwa halb so groß) in radialer Richtung, weitaus am kleinsten und praktisch unerheblich parallel zu den Fasern. Ursprünglich planparallel geschnittene Stücke aus grünem Holz verformen sich deshalb im Querschnitt durch das Trocknen gemäß Abb. 8; hier ist zu erkennen, daß der Querschnitt eines Balkens in der einen Diagonale (ungefähr tangential zu den Jahresringen) um 208—189 = 19 mm kleiner geworden, in der anderen (ungefähr radial zu den Jahresringen) um 208—201 = 7 mm zurückgegangen ist. Dementsprechend muß bei der Bestellung von Hölzern angegeben werden, ob die Maße für grünes oder trockenes Holz gelten; auch sollte bekannt sein, welcher Feuchtigkeitsgehalt einzuhalten ist, wenn das Holz getrocknet geliefert werden soll.

Wenn das Schwinden der Hölzer nach dem Einbau nicht hingenommen werden kann, beispielsweise bei Fußböden, Möbeln usf., ist das Holz vorher bis zur Gebrauchsfeuchte künstlich zu trocknen. Durch Trocknung bei hoher Temperatur lassen sich die Eigenschaften der Hölzer verbessern.

Um die Raumänderungen der Hölzer im Gebrauch noch weiter einzuschränken, werden die Änderungen quer zur Faser

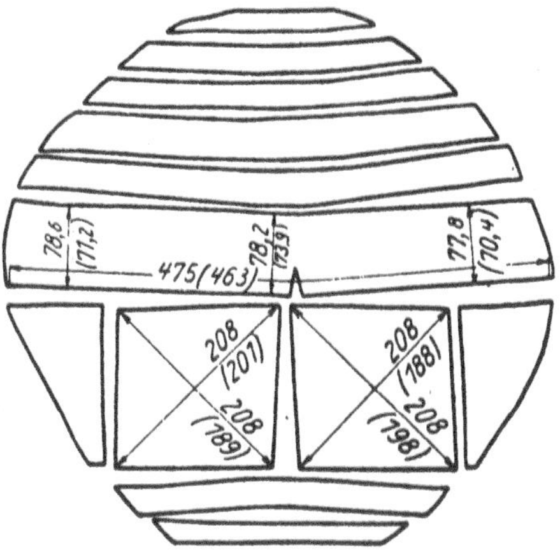

Abb. 8. Formänderung der Querschnitte von Bohlen und Balken aus Buchenholz. Die Zahlen ohne Klammern bedeuten Maße der frisch geschnittenen Hölzer, die Zahlen in Klammern Maße nach $2^1/_2$monatiger trockener Lagerung

durch Aufleimen von Holz, dessen Fasern quer laufen, gehindert. Die Aufteilung der Hölzer wird dabei in mannigfacher Art ausgeführt (Lagenholz, u. a. Sperrholz als Tischlerplatten und Furnierplatten, vgl. DIN 4076 und 4078).

5. Schutz der Hölzer gegen Fäulnis, Insekten, Feuer

Holz, das lange Zeit feucht bleibt (z. B. in Holzdecken über oft benutzten Waschküchen, Balken und Vertäfelungen an feuchtem Mauerwerk u. a. m.), kann von holzzerstörenden Pilzen befallen werden. Man muß durch bauliche Maßnahmen (Schutz der Wände gegen aufsteigendes Wasser und gegen Kondenswasser, Freihalten der Balkenköpfe, dichtes Dach u. a. m.) sorgen, daß das Holz bald trocken wird und trocken bleibt, weil trockenes Holz von pflanzlichen Schädlingen nicht befallen wird.

Die Pflege des Holzes gegen den Befall durch Pilze muß schon im Wald beginnen; alle Lagerplätze sind von Abfällen sauber zu halten; die Lagerhölzer sollten mit Schutzmitteln getränkt sein. Im Wald ist der Schutz gegen Pilze am besten im Winter ausführbar; deshalb wird die Fällung im Herbst und Winter empfohlen.

Der Schutz des Holzes gegen Pilze geschieht durch Anstreichen mit pilzwidrigen Stoffen, besser durch längeres Tauchen in solche Flüssigkeiten, am besten durch Tränken unter Pressung. Hierzu eignet sich Teeröl (Karbolineum), Zinkfluat und Natriumfluorid mit Beigaben von Bichromat, Dinitrophenol usf. Die Stoffe sollen schwer auslaugbar sein, nicht verdunsten, sowie Stahlteile nicht angreifen.

Soll das Eindringen des Wassers durch deckende Anstriche (Anstrichhaut) verhindert werden, so ist zu beachten, daß solche Anstriche nur auf trockenem Holz genügend dauerhaft und daß nur allseitige guterhaltene Anstriche geeignet sind; unter rissigen Anstrichen ist das Holz nicht geschützt, meist mehr der Zerstörung ausgesetzt als wenn die Anstriche überhaupt fehlen.

Als Insekten, welche das Holz der Wohnhäuser und Möbel angreifen, sind vor allem der Hausbock, der Klopfkäfer und die Holzwespe zu nennen. Solche Schädlinge werden durch Vergasung mit giftigen Stoffen, durch Bestreichen der Hölzer mit Karbolineum usf. bekämpft[1]).

Gegen den Befall des Holzes durch die Schädlinge muß vor allem durch Sauberkeit auf den Lagerplätzen vorgegangen werden.

Beim Schutz der Hölzer gegen Entflammung handelt es sich um Maßnahmen gegen das Weitertragen einer Flamme durch das Holz. Der Schutz wird vornehmlich erreicht durch Putzschichten aus Kalkmörtel und Gipsmörtel, dann durch

[1]) Vgl. Liese, Holzschutz im Hochbau, Flugblatt 91 der Biologischen Reichsanstalt für Land- und Forstwirtschaft 1934, ferner Merkhefte 1 und 5 der deutschen Gesellschaft für Holzforschung.

Pinselputze und Schlemmschichten aus Gips usf.; er wird durch Anstriche mit Sonderstoffen oder durch Tränkung mit solchen Stoffen praktisch brauchbar geschaffen. Allerdings sind nur solche Flammschutzmittel zu benutzen, die von unabhängiger Stelle als geeignet befunden sind.

6. Holzhaltige Leichtbauplatten

Aus Holzwolle oder Holzfasern lassen sich mit mineralischen und organischen Bindemitteln (Zement, Gips, Kunststoffe), in Sonderfällen auch ohne Beigaben, Platten bestimmter Beschaffenheit herstellen. Die Rohwichte der fertigen Platten wird meist sehr klein gewählt, damit nach dem Trocknen der Platten ein Werkstoff entsteht, der zur Dämmung von Wärme, unter besonderen Bedingungen auch zur Dämmung von Schall geeignet ist. Die Festigkeit muß für den Transport, auch für mäßige Beanspruchungen im Gebrauch ausreichen.

Zu Fußböden, Verpackungen, Möbeln usf. werden Platten mit hoher Rohwichte verwendet, sogenannte harte und extra harte Platten. Vgl. DIN 4076.

II. Natürliche Steine

Die Beurteilung der Eigenschaften der natürlichen Steine geschieht zweckmäßig unter Berücksichtigung ihrer Verwendung (bearbeitete Steine für Mauerwerk, Verkleidung, Pflaster usf.; Bruchsteine zum Mauern und zum Straßenunterbau; Natursand und Kies zum Beton, Mauermörtel u. a. m.). Vgl. dazu DIN 52100.

Für die Berechnung der Tragwerke aus Natursteinen gelten DIN 1055 (Lastannahmen für Bauten), ferner die Berechnungsgrundlagen für massive Brücken (DIN 1075). Für Brechsand, Splitt, Schotter, Natursand und Kies sind die Bestimmungen des Deutschen Ausschusses für Stahlbeton, Teil A, B und C (DIN 1045 bis 1047), ferner die Richtlinien für Betonfahrbahndecken zu beachten, auch die Richtlinien für die

Lieferung und Abnahme von Betonzuschlagstoffen aus natürlichen Vorkommen (DIN 4226).

Mit den in Deutschland vorkommenden Steinen lassen sich alle technischen Aufgaben lösen, die im Hoch- und Tiefbau mit Naturstein zur Zeit in Betracht kommen[1]).

1. Wetterbeständigkeit der Gesteine

Für Gesteine, die der Witterung ausgesetzt werden, ist stets zu verlangen, daß sie den Frostversuch nach DIN 52104 bestehen, d. h. daß sie im wassersatten Zustand bei 25maligem Einfrieren und Wiederauftauen ohne sichtbaren Schaden bleiben.

Weiterhin müssen Gesteine, die der Witterung ausgesetzt werden, eine hinreichende Wetterbeständigkeit zeigen, das heißt, sie müssen den zusätzlichen Beanspruchungen, die Sonnenbestrahlung, Wechsel von Durchfeuchten und Aus-

Abb. 9. Verwitterung von Sandstein

[1] Vgl. Graf, Die Baustoffe, 2. Auflage, S. 45 u. f.

trocknen, Ablagerungen aus der Luft usf. mit sich bringen, lange widerstehen[1]). DIN 52100 gibt die Anleitung zur Auslese der geeigneten Steine.

Abb. 10. Verformung von Steinen durch das Eindringen angreifender Stoffe und einseitig bevorzugte Verdunstung

Abblätterungen, wie sie in Abb. 9 zu erkennen sind, sollen nicht auftreten; in dem dargestellten Beispiel ist der Stein nicht hinreichend frostbeständig, vor allem wegen der Art

[1]) Vgl. Graf und Goebel, Schutz der Bauwerke, S. 1ff. (Beitrag von Eissner und Drexler).

Abb. 11. Zerstörung von Sandsteinen durch kapillar aufsteigende Flüssigkeit

der Verwendung (Durchfeuchten durch Spritzwasser von der Straße und durch Tropfwasser), zum Teil auch wegen der Gestalt der einzelnen Steine (Wasser läuft von den waagerechten Flächen nur langsam und nicht genügend ab usf.). Verformungen nach Abb. 10 zeugen von der Wirkung der Reste der Kohlenfeuerung, die sich auf den Steinen ablagern und die zur Bildung von Schwefelsäure führen. Bauten, die lange Zeit in gutem Zustand bleiben sollen, sind demgemäß aus Steinen zu errichten, in die Säuren, überhaupt angreifende Wässer, nicht oder nur unerheblich eindringen.

Aus dem Baugrund können Flüssigkeiten durch Kapillarwirkung aufsteigen; gewisse Salze können dabei Steine und Mörtel angreifen; in der Verdunstungszone der aufsteigenden Wässer kristallisieren die Salze aus und verursachen innere Pressungen, die unter bestimmten Verhältnissen zu Zerstörungen führen[1]), vgl. Abb. 10 und 11.

[1]) Vgl. auch Graf und Goebel, Schutz der Bauwerke, S. 12ff. (Beitrag von Eissner und Drexler).

2. Druckfestigkeit der Gesteine

Für die Druckfestigkeit der Gesteine, ermittelt nach DIN 52105 an Würfeln von 4 cm Kantenlänge, gibt DIN 52100 u. a. folgende Richtzahlen an:

Granit, Syenit	1600 bis 2400 kg/cm²,
Basalt, Melaphyr	2500 bis 4000 kg/cm²,
Quarzitische Sandsteine	1200 bis 2000 kg/cm²,
Sonstige Quarzsandsteine	300 bis 1800 kg/cm²,
Dichte Kalksteine	800 bis 1800 kg/cm².

Die Druckfestigkeit zeigt Eignung der Gesteine zu hochbeanspruchten Bauteilen, sei es in gemauerten Pfeilern, sei es im Beton. Bei gemauerten Pfeilern muß für gleiche und mäßige Fugenhöhe, sodann für sorgfältige Füllung der Fugen gesorgt werden, wenn die Festigkeit der Gesteine zur Geltung kommen soll (vgl. auch den Abschnitt Mauerwerk S. 93 ff.).

3. Biegefestigkeit der Gesteine

DIN 52100 enthält für die Biegefestigkeit u. a. folgende Richtzahlen:

Granit, Syenit	100 bis 200 kg/cm²,
Basalt, Melaphyr	150 bis 250 kg/cm²,
Quarzitische Sandsteine	120 bis 200 kg/cm²,
Sonstige Quarzsandsteine	30 bis 150 kg/cm²,
Dichte Kalksteine	60 bis 150 kg/cm².

Die Biegefestigkeit ist für die Eignung der Gesteine zu Randsteinen, Fensterbalken oft wichtig.

4. Elastizität der Gesteine

Die Elastizität der Bausteine liegt in weiten Grenzen. Der Elastizitätsmodul geht mit Basalt hinauf bis auf etwa 1000000 kg/cm², mit Sandstein hinab bis zu rund 50000 kg/cm² und tiefer. Bims ist noch nachgiebiger[1]).

5. Abnutzwiderstand der Gesteine

Diese Eigenschaft ist u. a. für Pflastersteine und für Gehwegplatten auf Straßen, auch für Platten in Industrieanlagen wichtig. Der Abnutzwiderstand wird zweckmäßig durch Abschleifen nach DIN DVM 52108 festgestellt. Die so ermittelte Abnutzung gebt nach unseren Beobachtungen auf Pflasterstraßen ein gutes Bild des Verhaltens der Steine unter praktischen Verhältnissen[2]).

Zusammenstellung 2 enthält in den Spalten 2 bis 4 einige kennzeichnende Beispiele.

Zusammenstellung 2

1	2	3	4
Gestein	Druckfestigkeit kg/cm²	Abnutzung cm³	Schlagwiderstand cmkg/cm³
Granit D	2650	7,2	619
Granit H	2460	6,7	478
Porphyr Do . . .	3530	3,3	1065
Diabas NR . . .	3510	5,7	1039
Basalt L	4260	4,9	1896
Basalt W	4080	6,9	651
Quarzit K	2770	4,6	438
Muschelkalk V. . .	2100	19,5	253
Jurakalk E	2060	11,8	374
Schaumkalk R . .	990	54	43

Hiernach steht der Abnutzwiderstand in keiner Beziehung zur Größe der Druckfestigkeit und zur Größe des Schlagwiderstands; er muß also unmittelbar ermittelt werden.

[1]) Näheres vgl. Graf, Bautechnik 1926, S. 492; ferner Graf, Dauerfestigkeit der Werkstoffe und der Konstruktionselemente, 1929, S. 101ff.; sodann Sänger und Stöcke, Der Straßenbau 1931, S. 3 11ff.; Dreves und Eisenmann, Bautechnik 1931, S. 74ff.; Gaber, Die Straße 1935, S. 810ff.

[2]) Vgl. Bautenschutz 1935, S. 36ff.

Nach DIN 52100 gelten folgende Richtzahlen für die Abnutzung:

Granit	5 bis 8,5 cm^3,
Basalt	5 bis 8 cm^3,
dichte Kalksteine	15 bis 40 cm^3.

Für die Prüfung von Straßenschotter und Gleisschotter gilt DIN 52109.

6. Widerstand der Gesteine gegen Schlag

Die Schlagbeanspruchung von Gesteinen ist bei Pflaster und Bodenbelägen zu beachten. Die Prüfung geschieht nach der DIN 52107 an Würfeln mit 4,0 cm Kantenlänge. Zusammenstellung 2 enthält in Spalte 4 einige Beispiele.

7. Bearbeitung der Gesteine

Schichtige und schieferige Gesteine müssen lagerhaft bearbeitet werden, d. h. die Schichten müssen waagerecht versetzt werden. Andernfalls dringen das Wasser und damit die angreifenden Stoffe in die schwachen Schichten leichter ein und fließen zu den Spaltflächen; Schäden sind dann eher zu erwarten.

Weiterhin ist zu beachten, daß mit Vorsprüngen gestaltete und rauh bearbeitete Werksteine viel Gelegenheit geben zu Ablagerungen von Ruß, Schnee, Wasser usf. und damit zu Angriffen. Polierte Flächen sind der Ansiedlung von Staub, Ruß, Pflanzen am wenigsten ausgesetzt; sie bringen das Wasser und schädliche Lösungen zum raschen Abfluß. Die Art der Bearbeitung beeinflußt deshalb die Haltbarkeit der Gesteine, die der Witterung ausgesetzt sind.

8. Wasseraufnahme und Wasserabgabe. Wasserdurchlässigkeit, Schwinden und Quellen

Bei der Auslese der Steine, auch aus Vorkommen gleicher Art, kann es nötig werden, die Wasseraufnahme und Wasserabgabe nach Größe und Geschwindigkeit vergleichsweise zu verfolgen. Das Verhältnis der Wasseraufnahme zum Porenvolumen (der Sättigungsbeiwert) kennzeichnet dabei in der Regel den geringerwertigen Stein. Steine mit Sättigungsbeiwerten über 80% sind in der Regel nicht als wetterbeständig anzusehen. Vgl. DIN 52106.

Die Wasserdurchlässigkeit ist besonders zu beachten, wenn es sich um Steine handelt, die zu Platten für Außenverkleidungen von Gebäuden bestimmt sind. Nötigenfalls ist die tragende Wand entsprechend zu gestalten (z.B. Schutz der Eiseneinlagen des Stahlbetons oder Schutz des eisernen Tragwerks).

Wichtig ist auch, daß viele Gesteine bei der Wasseraufnahme quellen und beim Trocknen wieder schwinden, also mit der Änderung des Wassergehalts Raumänderungen erfahren[1]).

9. Wärmeausdehnung der Gesteine. Verhalten im Feuer

Die Gesteine erfahren wie andere Stoffe durch Änderung der Temperatur mehr oder minder große Raumänderungen. Unter gewöhnlichen Verhältnissen sind diese Raumänderungen von untergeordneter Bedeutung. In Bauteilen, die mit hohen Temperaturen gebraucht werden, ist es angezeigt, Gesteine mit kleiner Wärmeausdehnung zu wählen (z. B. Basalt statt Granit). Entsprechend ist in solchen Fällen die Verwendung von Stückschlacke und gebranntem Ton als Betonzuschlagstoff zweckmäßig[2]).

Über das Verhalten der Gesteine im Feuer vgl. u. a. Graf, Die Baustoffe, 2. Aufl., S. 55 bis 57.

10. Über Sand, Kies und gebrochene Gesteine zu Beton

Mäßig rauhe, rundliche natürliche Sande (Moränesande nach Abb. 12) und Rollkiese (vgl. Abb. 13, oben rechts) erfordern bei der Verarbeitung zu Mörtel und Beton bestimmter Steife weniger Wasser als sehr rauhe, kantige Stoffe (z. B. Brech-

[1]) Vgl. u. a. Entwurf und Berechnung von Eisenbetonbauten, Bd. 1' S. 47ff.

[2]) Graf und Göbel, Schutz der Bauwerke, S. 58ff.; Endell, Heft 60 des Deutschen Ausschusses für Eisenbeton.

sand, Splitt usf.). Der Widerstand bei der Verarbeitung ist für Beton aus Moränesanden und Rollkiesen am kleinsten, so daß Beton aus solchen Stoffen unter sonst gleichen Verhält-

Abb. 12. Feine Teile aus oberschwäb. Moränesand (0,2 bis 1 mm Korngröße)

nissen dichter wird, von vornherein auch weniger feine Teile enthalten muß. Bei flachen glatten Kiesstücken (Abb. 13, rechts unten) ist erschwerend, daß sich diese im Beton vorwiegend flach legen und damit die Füllung der Hohlräume sowie die Einbettung der Eiseneinlagen hindern.

Wesentlich ist die Kornzusammensetzung der Betonzuschlagstoffe. Hierzu geben die Bestimmungen A und C des deutschen Ausschusses für Stahlbeton (DIN 1045 und

Abb. 13. Proben von Schotter und Kies

1047) sowie die zugehörigen Richtlinien für die Lieferung und Abnahme von Betonzuschlagstoffen (DIN 4226) Auskunft.

Erhebliche Mengen Kies und Schotter verbraucht die Eisenbahn als Bettungsstoff der Gleise. Hier sind der Widerstand beim Stopfen und der Abnutzwiderstand (wegen der Schlammbildung) von Bedeutung.

Ein bedeutender Bedarf an Geröllstoffen, noch mehr an gebrochenen Gesteinen besteht fortlaufend beim Straßenbau. Hierzu sei vor allem auf die Vorschriften für die Autobahnen und Bundesstraßen verwiesen.

III. Zemente

Die Zemente sind hydraulische Bindemittel, d. h. sie erstarren einige Zeit nach dem Anmachen mit Wasser und erhärten allmählich zu einer steinartigen Masse, sowohl bei Lagerung unter Wasser als an der Luft, in letzterem Fall nur dann vollwertig, wenn der Mörtel beim Erhärten, namentlich in den ersten Tagen, feucht gehalten wird. Das deutlich meßbare Erstarren soll — auch im Hochsommer — erst nach ordentlicher Verarbeitung des Zements beginnen. Nach DIN 1164 soll der Erstarrungsbeginn frühestens 1 Stunde nach dem Anmachen des Zementbreis festzustellen sein. Im Betonstraßenbau soll der Erstarrungsbeginn tunlichst nicht vor 2 Stunden eintreten. Das Erstarren soll bei 17 bis 20° C in der Regel nach 4 bis 12 Stunden beendet sein. Nach dem Erstarren soll die Festigkeit im Hochbau möglichst rasch ansteigen, so daß die Festigkeit des Betons in möglichst kurzer Zeit nahe an die Endfestigkeit herankommt und das Bauwerk die von vornherein gewünschte Tragfähigkeit bald erlangt. Beim Arbeiten in niederen Temperaturen ist ein möglichst geringes Zurückbleiben der Erhärtung gegenüber den Verhältnissen bei gewöhnlicher Temperatur erwünscht. Der Zementstein soll raumbeständig sein. Die Festigkeit soll im Laufe der Zeit nicht zurückgehen, sei es wegen der Beschaffenheit des Zements an sich, sei es infolge Einwirkung von Frost, Flüssigkeiten usw. Schwindrisse im Mörtel und Beton sollen bei sachgemäßer Arbeit vermieden werden können.

Inwieweit diese Forderungen erfüllbar sind, hängt von den örtlichen Verhältnissen und von dem Stande der Zementtechnik ab.

In Deutschland werden zur Zeit hauptsächlich drei Zementsorten, nämlich Portlandzement, Eisenportlandzement und Hochofenzement verwendet.

Der Portlandzement ist im § 2a der DIN 1164 wie folgt beschrieben:

„Portlandzement wird durch Feinmahlen von Portlandzementklinker erhalten. — Portlandzementklinker besteht aus hochbasischen Verbindungen von Kalk mit Kieselsäure (Trikalziumsilikat, Dikalziumsilikat) und hochbasischen Verbindungen von Kalk mit Tonerde, Eisenoxyd, Manganoyxd sowie geringen Mengen Magnesia. Er wird hergestellt durch Brennen bis mindestens zur Sinterung der feingemahlenen und innig gemischten Rohstoffe. — Der Gehalt an Magnesia (MgO) darf 5%, der an Schwefelsäureanhydrid (SO_3) 3% — alles auf den geglühten Portlandzement bezogen — nicht überschreiten. — Die Portlandzement-Rohmasse muß die Aufbaustoffe innig gemischt und gleichmäßig verteilt in ganz bestimmtem Verhältnis enthalten und muß hierzu besonders aufbereitet werden. Die aufbereitete Rohmasse darf nach dem Schlämmen durch das Sieb 0,09 DIN 1171 (4900 Maschen auf 1 cm^2) nicht mehr als 30% Rückstand, bezogen auf das bei 105^0 getrocknete und dann abgeschlämmte Gut, hinterlassen."

Hieraus erhellt, daß die Zusammensetzung und die Herstellungsart bestimmten Anforderungen genügen müssen, im Gegensatz zu den Verhältnissen bei den Naturzementen.

Der Eisenportlandzement ist ein hydraulisches Bindemittel, das aus mindestens 70% Portlandzement und höchstens 30% schnell gekühlter basischer Hochofenschlacke besteht. Der Hochofenzement enthält 15 bis 69% Portlandzement und 85 bis 31% Hochofenschlacke.

Der Portlandzement und die Hochofenschlacke werden im Fabrikbetrieb (im einzelnen gibt DIN 1164 § 2b Auskunft) miteinander fein gemahlen und hierbei innig gemischt.

Die drei genannten Zemente werden in drei Güteklassen erzeugt und angeboten, nämlich als Z 225, Z 325 und Z 425, wobei die Zahlen der Bezeichnung den Normenfestigkeiten im Alter von 28 Tagen entsprechen.

Weiterhin ist auf den Traßzement nach DIN 1167 zu verweisen; es handelt sich dabei um Gemische aus 70 bzw. 60 Gewichtsteilen Portlandzement und 30 bzw. 40 Gewichtsteilen rheinischem Traß nach DIN 1043; er ist vor allem für den Wasserbau bestimmt.

Schließlich sei der Sulfathüttenzement nach DIN 4210 genannt; er besteht aus mindestens 80 % feingemahlener, schnellgekühlter, basischer Hochofenschlacke, mindestens 3 % SO_3 und höchstens 9 % Portlandzement.

Zum Stahlbetonbau und zum Brückenbau dürfen — abgesehen von einer Ausnahme, die noch besprochen werden soll — andere Zemente als die Normenzemente Z 225, Z 325 und Z 425 nicht verwendet werden. Diese sollen unter Normenüberwachung stehen und dementsprechend auf der Verpackung das Normenüberwachungszeichen tragen. Für Sonderaufgaben (z. B. für Betonstraßen) sind nur ausgewählte Normenzemente angezeigt. Für den Hochbau hat der eisenoxydarme weiße Zement („Dyckerhoff-Weiß") zunehmende Bedeutung erlangt.

Wenn es sich ausnahmsweise darum handelt, hochfesten Beton in besonders kurzer Zeit zu erhalten (z. B. für Pfähle), so kommt neben dem Z 325 und neben dem Z 425 der Tonerdezement[1]) in Betracht. Dieser ist nicht genormt, jedoch trotzdem für Stahlbeton zugelassen, da wegen des höheren Preises des Tonerdezements und wegen des in solchen Fällen unerläßlichen Nachweises der Betonfestigkeit kein Anlaß zu Mißbräuchen vorliegt[2]).

Hier ist schließlich auf die Mischbinder nach DIN 4207 zu verweisen, für die eine kleinere Festigkeit als bei Z 225 — nur 150 kg/cm² gegen 225 kg/cm² — verlangt wird und die aus hydraulischen Stoffen mit Anregern hergestellt werden, also beispielsweise aus Hochofenschlacke, die zu Z 225 nicht mehr geeignet ist, und wenig Portlandzement.

Die Eigenschaften der Zemente und der verwandten Bindemittel sind im letzten Jahrzehnt recht mannigfaltig geworden. Es ist anzunehmen, daß diese Mannigfaltigkeit in der Zukunft noch zunimmt.

---

[1]) Vgl. Handbuch der Werkstoffprüfung, Bd. III, S. 370.
[2]) Vgl. Beton und Eisen 1934, S. 156ff.

1. Unterscheidung der Zemente nach der chemischen Zusammensetzung

Zusammenstellung 3 enthält Angaben über die chemische Zusammensetzung der drei wichtigsten Zementarten.

Zusammenstellung 3

1	2	3	4
Bestandteil	Portland-zement	Eisenportland-zement	Hochofen-zement
SiO_2	18 bis 24	20,5 bis 26,5	25,5 bis 31,5
Al_2O_3. . . .	4 bis 8	6 bis 10,5	8 bis 17
Fe_2O_3. . . .	0,5 bis 6	1,5 bis 3,5	0,5 bis 2,5
CaO	60 bis 68	54,5 bis 62	41,5 bis 55
MgO	1 bis 5	1,5 bis 5	1,5 bis 7

Man sieht hieraus, daß der Kalkgehalt des Eisenportlandzements allgemein kleiner ist als beim Portlandzement; beim Hochofenzement ist der Kalkgehalt noch kleiner. Auch sonst sind deutliche Merkmale für die Unterscheidung dieser drei Normenzemente vorhanden.

Die Auffassungen über die zweckmäßigste Zusammensetzung der Zemente, sei es für den allgemeinen Bedarf oder für bestimmte Bauaufgaben, sind in Deutschland in lebhafter Entwicklung. Die chemische Analyse allein gibt keinen vollen Aufschluß. Dem Verbraucher zeigt sie, wenn besondere Vereinbarungen nicht vorliegen, ob die Normen eingehalten sind und ob der Zement eine Zusammensetzung aufweist, die in den üblichen Grenzen liegt[1]).

2. Mahlfeinheit

Nach den Zementnormen in DIN 1164 sollen die Zemente auf dem Sieb mit 4900 Maschen auf 1 cm² höchstens 20% Rückstand hinterlassen, Traßzement nicht mehr als 8%. In der Regel sind die Zemente feiner gemahlen.

Die Mahlfeinheit nimmt unter sonst gleichen Verhältnissen erheblichen Einfluß auf die Festigkeitseigenschaften der Mör-

[1] Vgl. Handbuch der Werkstoffprüfung, Bd. III, S. 351f.

tel und des Betons[1]). Auch das Schwinden und Quellen der Mörtel wird durch die Mahlung des Zements geändert[2]). Es hat sich ferner gezeigt, daß die gut gebrannten Portlandzemente nach feinerer Mahlung Beton mit kleinerer Wasserdurchlässigkeit liefern.

3. Raummetergewicht der Zemente

Das Raummetergewicht der Zemente ist in hohem Maße von der Art des Einfüllens abhängig, außerdem für verschiedene Zemente verschieden, u. a. bei feiner gemahlenen Zementen im allgemeinen kleiner. Weiter ist das Raummetergewicht von der Größe und Gestalt der Meßgeräte abhängig; es wird in großen Gefäßen größer, auch in höheren Gefäßen.

Diese Verhältnisse gaben schon vor langer Zeit Anlaß, zu empfehlen, den Zementgehalt des Betons nach Gewicht, und zwar in Kilogramm für 1 m^3 fertigen Beton zu bemessen. Die Bestimmungen des Deutschen Ausschusses für Stahlbeton haben den Mindestgehalt des Zements in diesem Sinn nach Gewicht festgelegt. Wenn anders verfahren wird, so sind große Schwankungen des Zementgehaltes des fertigen Betons zu erwarten.

4. Erstarrungsbeginn. Erstarrungsende

Der Erstarrungsbeginn von normal bindendem Zement soll nicht früher als 1 Stunde nach dem Anmachen eintreten. Für Sonderaufgaben (z. B. für den Betonstraßenbau) wird eine längere Zeitspanne verlangt.

Der Erstarrungsbeginn ist unter Benutzung der in Abb. 14 dargestellten Geräte *a* bis *e* folgendermaßen zu bestimmen. Aus 300 g Zement wird ohne Sandzusatz ein steifer Brei angemacht und in kegelige Hartgummiringe *d* von 4 cm Höhe, 7,5 cm unterem, 6,5 cm oberem Durchmesser gefüllt. Die Steife ist so zu wählen, daß ein senkrecht eindringender zylindrischer Stab mit 1 cm^2 Querschnitt mit insgesamt 300 g

---

[1]) Näheres in Entwurf und Berechnung von Eisenbetonbauten, Bd. I, S. 10 und 11.

[2]) Vgl. Beton und Eisen 1935, S. 89, sowie Zement 1935, S. 364; auch Bd. 27 der Forschungsarbeiten aus dem Straßenwesen.

Gewicht etwa ½ Minute nach dem Loslassen des Stabes 7 bis 5 mm über der unteren Fläche des Breis steht. Beobachtet wird an der so verarbeiteten Zementprobe der Zeitpunkt, bei dem eine Nadel *e* von 1 mm² Querschnitt unter 300 g Belastung den Zementbrei nicht mehr durchdringt, sondern

Abb. 14. Geräte für die Ausführung von Abbindeversuchen mit Zement

etwa 3 bis 5 mm über der unteren Fläche der Probe stehenbleibt; diesen Zustand bezeichnet man als Erstarrungsbeginn. Die Zeit, welche verstreicht, bis die Nadel höchstens 1 mm in den erstarrten Zementbrei eindringt, wird Erstarrungsende genannt.

Zur vorläufigen Bestimmung des Erstarrungsbeginns werden Kuchen nach Abb. 15 benutzt (vgl. DIN 1164, § 24). Das fortschreitende Erstarren wird dabei mit der Bleistifthülse verfolgt; etwa 1½ cm vom Kuchenrand wird die Hülse eingedrückt; entsteht dabei ein radialer Kantenriß, so ist der Erstarrungsbeginn überschritten.

Wenn die Erhärtung des Zements vor der Verarbeitung des Betons beginnt, kann die Entfaltung der Festigkeitseigenschaften des Zements mehr oder minder beeinträchtigt werden[1]). Um solchen Vorkommnissen zu begegnen, empfiehlt es sich, aus eingehenden Zementlieferungen fortlaufend Proben zu entnehmen und, wie soeben beschrieben, durch den Eindrückversuch nach Abb. 15 oder mit dem Nadelgerät zu prüfen.

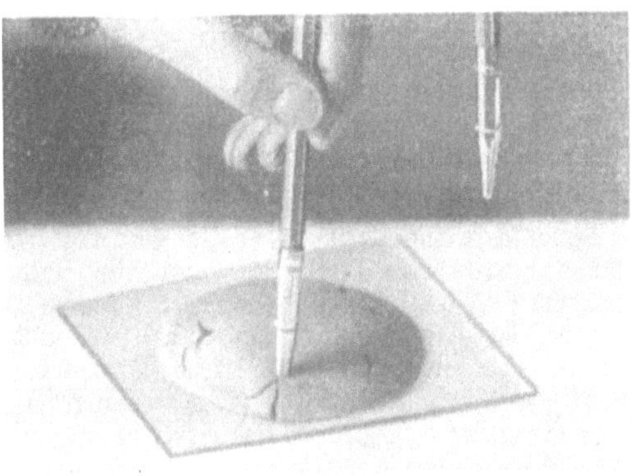

Abb. 15. Behelfsmäßige Ermittlung des Erstarrungsbeginns der Zemente an Kuchen, in die eine Bleistifthülse eingedrückt wird

Da die Kuchen bei sachgemäßer Behandlung auch über die technische Raumbeständigkeit des Zements Aufschluß geben (vgl. unter Ziff. 7, S. 37), überdies durch leichtes Aufschlagen auf einen zweiten gleichen Kuchen durch ihren Klang gewisse Anhalte für die Festigkeit bringen (heller Klang hohe Festigkeit, dumpfer Klang geringe Festigkeit), so muß die Kuchenprobe als wichtiges Hilfsmittel für die Abnahme des Zements auf der Baustelle bezeichnet werden.

Der Abbindeversuch soll nach den Normen bei 18 bis 21° C mittlerer Temperatur des Zements, des Wassers und der Luft vorgenommen werden, was bei Beurteilung von Ergebnissen aus solchen Versuchen für die Bauausführung wichtig ist, wei

[1]) Vgl. Graf, Die Eigenschaften des Betons, S. 257.

mit Abnahme der Temperaturen der Erstarrungsbeginn später, mit Zunahme der Temperatur früher eintritt[1]).

Für Sonderfälle (Dichtung im fließenden Wasser, Bauen bei tiefer Temperatur u. a. m.) werden schnellbindende Zemente gefordert. Wenn die Lieferung der Schnellbinder seitens einer Zementfabrik nicht in Betracht kommt, kann die Beschleunigung des Erhärtens durch Zusätze (Chlorkalzium, Soda u. a.) veranlaßt werden. Dabei empfiehlt es sich, vor der Anwendung von Zusätzen zur Beschleunigung des Abbindens durch Versuche die geeigneten Zemente und Zusatzmengen zu erkunden, wobei die Temperaturen wirken sollten, die bei der beabsichtigten Anwendung zu erwarten sind[2]).

Für Betonfertigteile (Deckenbalken, Betondachsteine usf.) werden Zemente verlangt, die nach der Verarbeitung kurzfristig hohe Festigkeiten erreichen, damit die Betonwaren bald entformt und bald verwendet werden können. Die Beschleunigung der Erhärtung erfolgt dabei zweckmäßig in feuchten Räumen mit hoher Temperatur (Dampfräume mit 60 bis 80° C), in Sonderfällen in abgeschlossenen Räumen mit Dampf bis etwa 8 at Überdruck. Die Härtung unter Dampfdruck ist zweckmäßig, wenn kieselsäurereiche Sande verwendet werden.

5. Druckfestigkeit. Biegezugfestigkeit

Die Normen für die einheitliche Lieferung und Prüfung von Portlandzement, Eisenportlandzement und Hochofenzement, sinngemäß auch für Traßzement und Mischbinder gültig, enthalten ein Verfahren zur Beurteilung der Fähigkeit des Zements zur Bildung bestimmter Festigkeiten. Dieses Verfahren ist so entwickelt, daß es bei sachgemäßer Handhabung durch geübte Personen für denselben Zement an verschiedenen Prüfungsstellen hinreichend übereinstimmende Werte ergibt. Die Ergebnisse sind deshalb zum Vergleich der Leistung ver-

[1]) Vgl. Heft 57 des Deutschen Ausschusses für Eisenbeton, sowie Beton und Eisen 1927, S. 244ff.

[2]) Vgl. Zement 1925, S. 213 u. 214, sowie Beton und Eisen 1927, S. 244f.

schiedener Zemente brauchbar. Zemente gleicher Normenfestigkeit bringen unter sonst gleichen Umständen Beton gleicher Festigkeit[1]).

Zur Normenprüfung wird weich angemachter Mörtel aus 1 Gewichtsteil Zement, 1 Gewichtsteil feinem Normensand I, 2 Gewichtsteilen gröberem Normensand II und 0,6 Gewichtsteilen Wasser benutzt. Die Prüfkörper sind Prismen mit den Maßen 4 cm × 4 cm × 16 cm, an denen zunächst die Biegefestigkeit bestimmt wird (Auflagerentfernung 10 cm, eine Last in der Mitte); die dabei entstehenden Reststücke werden zur Feststellung der Druckfestigkeit verwendet (Größe der Druckfläche 6,25 cm × 4 cm = 25 cm²).

Die Proben werden 1 Tag in feuchter Luft, dann unter Wasser gelagert; sie werden nach 1 oder 3 oder 7 oder 28 Tagen geprüft und sollen folgende Mindestfestigkeiten in kg/cm² liefern:

Alter	1	3	7	28 Tage
	Z 225			
Biegezugfestigkeit	—	—	25	**50** kg/cm²
Druckfestigkeit	—	—	110	**225** kg/cm²
	Z 325			
Biegezugfestigkeit	—	30	**40**	**60** kg/cm²
Druckfestigkeit	—	150	**225**	**325** kg/cm²
	Z 425			
Biegezugfestigkeit	25	**50**	60	**70** kg/cm²
Druckfestigkeit	100	**300**	300	**425** kg/cm²

Bei abgekürzten Prüfungen sind die fettgedruckten Werte nachzuweisen.

Die hochwertigen Zemente Z 325 und 425 sind für das Bauwesen sehr wertvoll geworden. Die Bauwerke können nach wenigen Tagen die vorgesehene Last voll aufnehmen. Zementwaren können frühzeitig gestapelt werden, wenn sie mit hochwertigen Zement sachgemäß entstanden sind. Das Bauen kann rascher erfolgen als mit den Zementen gewöhnlicher Art.

---

[1]) Vgl. u. a. Band 27 der Forschungsarbeiten aus dem Straßenwesen.

Noch rascher als bei den hochwertigen Portlandzementen vollzieht sich die Erhärtung bei den Tonerdezementen. Nach 2 Tagen sind in der Regel schon $^2/_3$ bis $^4/_5$ der Druckfestigkeit vorhanden, die nach 28 Tagen auftritt[1]).

Bei Übertragung der Ergebnisse der Normenprüfung auf die praktischen Verhältnisse ist vor allem zu beachten, daß die Zemente bei tieferer Temperatur langsamer erhärten, und daß dieses Weniger bei verschiedenen Zementen nicht gleich ist, so daß es angezeigt sein kann, bei wichtigen Arbeiten, die in tiefer Temperatur auszuführen sind, die besonders geeigneten Zemente durch Vorversuche auszuwählen[2]).

Bei hoher Temperatur, also auch im Sommer, ist bei Verwendung von Tonerdezement Vorsicht geboten[3]).

6. Schrumpfen, Schwinden und Quellen der Zemente (Raumänderungen der erstarrenden und erhärtenden Zemente)[4])

Mit hohem Wasserzusatz angemachter Zementbrei, wie er im Beton für Stahlbetonbauten nötig ist, schrumpft beim Erstarren, allerdings ohne dabei auf eingebettete Eisen bemerkenswerte Kräfte auszuüben. Die Größe des Schrumpfens ist abhängig vom Zement, der Menge des Anmachwassers, der Temperatur des Betons usw. Bei warmem, trockenem, windigem Wetter sind auf Bauteilen verschiedener Art Schrumpfrisse beobachtet worden.

Nach dem Erstarren schwindet der Zement, wenn Austrocknen stattfinden kann; der erhärtende Zement quillt, wenn er feucht gehalten wird. Das Maß des Schwindens und

---

[1]) Vgl. Beton und Eisen 1934, S. 156ff.

[2]) Vergl. Heft 57 des deutschen Ausschusses für Eisenbeton, sowie Beton und Eisen 1927, S. 244 u.f.

[3]) Vgl. Beton und Eisen 1936, S. 20; sowie Graf, Die Eigenschaften des Betons, S. 117 bis 119.

[4]) Näheres im Heft 295 der Forschungsarbeiten auf dem Gebiete des Ingenieurwesens, S. 36ff.; sowie in Band 27 der Forschungsarbeiten aus dem Straßenwesen.

Quellens, welches verschiedene Zemente unter sonst gleichen Verhältnissen erfahren, unterscheidet sich erheblich. Dabei ist die chemische Zusammensetzung des Zements, sein Herstellungsgang usf. beteiligt. Zur vergleichsweisen einheitlichen Feststellung des Schwindmaßes ist ein Verfahren entwickelt worden, das seit 1935 für die Lieferung und Abnahme von Straßenbauzementen verwendet wird und das später in DIN 1164 aufgenommen wurde[1]).

Nach den zur Zeit vorliegenden Erkenntnissen ist die Auswahl der Zemente nach dem Schwindmaß gemäß DIN 1164 nicht ohne weiteres möglich[2]).

7. Raumbeständigkeit

Die Feststellung der Raumbeständigkeit erfolgt nach den Zementnormen durch Beobachtung der unter Ziff. 4 (S. 31) beschriebenen Zementkuchen. Die Kuchen sollen 1 Tag in feuchter Luft, 27 Tage unter Wasser aufbewahrt werden. Kuchen, deren untere Flächen (auf ebenen Glasplatten, am besten auf Spiegelglas herzustellen) im Alter von 28 Tagen oder früher Verkrümmungen aufweisen, gelten nicht als raumbeständig; die untere Fläche der Kuchen soll also eben bleiben.

Das Auftreten von Kantenrissen, Netzrissen, Abblätterungen muß in erhöhtem Maße Anlaß geben, die Annahme des betreffenden Zements zu verweigern; doch kommen solche Mängel selten vor.

Die übliche normengemäße Prüfung der Raumbeständigkeit der Zemente kann bei Bauausführungen in der Regel nicht abgewartet werden. Es sind deshalb noch andere Prüfverfahren entstanden, die in kürzerer Zeit Aufschluß bringen sollen. Normengemäß hergestellte Kuchen sind 24 Stunden nach dem Anmachen in einem mit Leitungswasser frisch gefüllten Behälter auf besondere Unterlagen zu legen; dann ist das Wasser in etwa 15 Minuten zum Sieden zu bringen; nach

---

[1]) Vgl. Zement 1935, S. 349 und 359, sowie 1936, S. 97ff., auch Bd. 27 der Forschungsarbeiten aus dem Straßenwesen.

[2]) Vgl. Tagungsberichte der Zementindustrie Heft 3, S. 59 u. f.

zweistündigem Kochen dürfen die Kuchen weder Risse noch Verkrümmungen zeigen, auch sonstige Anzeichen des Zerfalls nicht erkennen lassen.

8. Lagerbeständigkeit der Zemente

Versuche mit Portlandzement, Eisenportlandzement und Hochofenzement, auch mit Tonerdezement, haben gezeigt, daß — soweit es sich um Zemente aus neuerer Zeit handelt, die den heutigen guten Handelszementen entsprechen — trockene Lagerung (Lagerung im Silo der Zementfabrik, Lagerung in Sackstapeln in trockenen Räumen), auch Lagerung in einzelnen Säcken in trockenen Arbeitsräumen während 3 Monaten und mehr auf die Festigkeitseigenschaften der Zemente ohne wesentlichen Einfluß bleibt. Hat eine lange Lagerung stattgefunden, so ist Nachprüfung des Zements angezeigt.

Erfolgt die Lagerung in Schuppen, so ist mit Abminderungen der Festigkeitseigenschaften wohl immer zu rechnen; der Einfluß dieser Lagerung tritt selbstverständlich zurück, wenn der Zementschuppen gegen den Zutritt von Regen und Wind allseitig gut verwahrt ist, die Zementsäcke außerdem mit Papier, Matten usf. allseitig bedeckt werden; er kann bald erheblich werden, wenn der Zement in einem Schuppen liegt, der auf feuchtem Grund steht, klaffende Fugen aufweist, mangelhafte Bedachung hat usf.

9. Verhalten der Zemente gegen chemische Angriffe[1])

Fast alle Säuren (Schwefelsäure, Salzsäure, Essigsäure usf.), viele Lösungen von Salzen, namentlich die Sulfate, dann Magnesiumchlorid, Ammoniumsalze, tierische und pflanzliche Fette und Öle u. a. m. greifen den erhärteten Zement an[2]). Dabei ist zu beachten, daß das Verhalten verschiedener Zemente gegenüber verschiedenen angreifenden Flüssigkeiten nicht gleichwertig ist, auch nicht allgemein von der Zementsorte abhängt, in wichtigen Fällen von der Zementmarke bedingt ist. Weiteres unter IV, 11, S. 70.

---

[1]) Vgl. Graf, Die Eigenschaften des Betons, S. 78 u.f.
[2]) Zement 1930, S. 936f., ferner 1934, S. 876f.

IV. Zementmörtel und Beton

Die Zusammensetzung des Zementmörtels oder des Betons eines Bauteils, eines Betonwerksteins, einer Gehwegplatte, eines Brückenbogens, einer Betonstraße usf. wird in der Regel als zweckmäßig angesehen, wenn der Bauteil hinreichend dauerhaft und zweckentsprechend mit einem Mindestaufwand an Geld, Stoff und Arbeit erstellt wird. Was als dauerhaft und zweckmäßig anzusehen ist, muß von Fall zu Fall vereinbart werden. Bevor ein Bauwerk begonnen wird, ist deshalb festzulegen, welche Eigenschaften für den Mörtel und für den Beton im ganzen oder in einzelnen Baugliedern zu fordern sind: Druckfestigkeit, Biegezugfestigkeit, Wetterbeständigkeit, Wasserundurchlässigkeit bei einem bestimmten Wasserdruck, Widerstand gegen Abnutzung durch gewisse Fahrzeuge usf., Rostschutz des einbetonierten Stahls unter bestimmten örtlichen Verhältnissen usf. In den Bauvorschriften sind hierzu mancherlei Anleitungen, auch viele zahlenmäßige Begrenzungen gegeben. Darüber hinaus ist es geboten, durch Überlegung zu prüfen, ob damit das Erforderliche geschieht, oder ob zusätzliche Maßnahmen angezeigt sind. Der Bauausführende hat die Aufgabe, die zahlenmäßig geforderten Eigenschaften zu gewährleisten.

Die Betoneigenschaften lassen sich weitgehend beherrschen, wenn man die heute vorhandenen Erkenntnisse benutzt. In bezug auf Festigkeit, Dichte usf. lassen sich sehr hohe Forderungen erfüllen[1]).

1. Druckfestigkeit des Betons

Die Größe der Druckfestigkeit ist in hohem Maße abhängig von den Eigenschaften des Zements, vom Zementgehalt, von der Menge und der Beschaffenheit der Zuschläge, vom Wassergehalt des Betons zur Zeit der Verarbeitung, von der Behandlung beim Erstarren und später.

a) Einfluß der Zementeigenschaften. Die Druckfestigkeit des Zementmörtels und des Betons steht nach den bisherigen Beobachtungen hinreichend in unmittelbarer Beziehung zur Druckfestigkeit K_n des Prüfmörtels, wie er nach den deutschen Zementnormen hergestellt u. geprüft wird (vgl. unt. III,5, S. 34 f.).

[1]) Graf, Die Eigenschaften des Betons, S. 203 ff.

Hieraus folgt, daß bei der Wahl des Zements bei gleichen Preisen entscheidend ist, welche Zementmengen zu Erlangung einer bestimmten Festigkeit nötig sind. Beispielsweise waren unter sonst gleichen Umständen zu Beton mit 500 kg/cm² Druckfestigkeit rd. 210 u. rd. 340 kg Zement je m³ nötig, wenn die Normendruckfestigkeit 398 u. 527 kg/cm² betrug[1]).

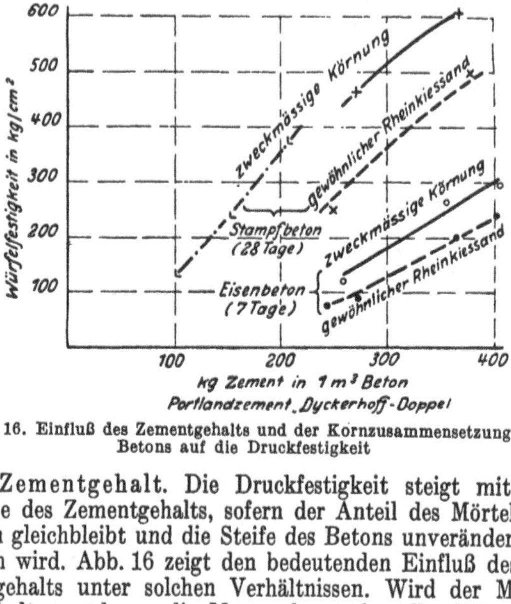

Abb. 16. Einfluß des Zementgehalts und der Kornzusammensetzung des Betons auf die Druckfestigkeit

b) Zementgehalt. Die Druckfestigkeit steigt mit Zunahme des Zementgehalts, sofern der Anteil des Mörtels im Beton gleichbleibt und die Steife des Betons unverändert gehalten wird. Abb. 16 zeigt den bedeutenden Einfluß des Zementgehalts unter solchen Verhältnissen. Wird der Mörtel beibehalten und nur die Menge der groben Zuschläge vergrößert oder verkleinert, so ändert sich die Festigkeit nur unerheblich, solange der Mörtel ausreicht, die groben Stücke zu umschließen, auch wenn die Zementmenge in 1 m³ Beton stark veränderlich ist, vgl. Zusammenstellung 4[2]).

Bei Zementgehalten über 400 kg/m³ wird die Ausnutzung des Zements, bezogen auf die Festigkeit, kleiner als in Abb. 16.

[1]) Vgl. Graf, Die Eigenschaften des Betons, S. 78 u. f.

[2]) Aus Graf, Druckfestigkeit von Zementmörtel, Beton, Eisenbeton und Mauerwerk 1921, S. 41 f.

Zusammenstellung 4

Einfluß der Menge der groben Zuschlagstoffe unter Beibehaltung des Mörtels

1	2	3	4
Reihe	Bezeichnung nach früher landesüblicher Art (Raumteile)	Zusammensetzung des Betons in Gewichtsteilen	Würfelfestigkeit des Betons im Alter von 28 Tagen
1	1:2	140 kg Zement, 200 Liter Rheinsand	360
2	1:3	140 kg Zement, 200 Liter Rheinsand, 100 Liter Kalksteinschotter (Jura)	379
3	1:4	140 kg Zement, 200 Liter Rheinsand, 200 Liter Kalksteinschotter	399
4	1:6	140 kg Zement, 200 Liter Rheinsand, 400 Liter Kalksteinschotter	405

Zusammenstellung 5

Einfluß der Menge des Sands im Beton

Weich angemachter Beton

Alter: 28 Tage

Lagerung: 7 Tage unter feuchten Tüchern, dann trocken

1	2	3	4
Sand: Kies (Gewichtsteile)	Druckfestigkeit kg/cm²	kg Zement in 1 m³ Beton	Rohwichte kg/dm³
a) Beton aus 1 Raumteil hochwertigem Portlandzement und 5 Raumteilen Kiessand vom Rhein			
1:2	259	276	2,32
2:3	237	273	2,30
1:1	222	272	2,26
3:2	159	272	2,20
b) Beton aus 1 Raumteil Tonerdezement und 8 Raumteilen Kiessand vom Rhein			
2:3	277	190	2,27
1:1	214	188	2,22
3:2	172	191	2,17
3:1	134	189	2,06

c) Mischungsverhältnisse. Maßgebend für die Druckfestigkeit des Betons ist die Mörtelfestigkeit, wie die Zusammenstellungen 4 und 5 nachweisen. Diese Feststellung ist selbstverständlich nur gültig, wenn die Zuschlagstoffe eine hinreichende Festigkeit aufweisen und wenn die Masse des Mörtels ausreicht, um die groben Stücke allseitig zu umschließen.

Da die Mörtelfestigkeit für die Betonfestigkeit entscheidend ist, muß die noch nicht überall verlassene Art der Bezeichnung des Mischungsverhältnisses, die Sand und Kies zusammenfaßt (z. B. in Zusammenstellung 4, Spalte 2, 1:2 oder 1:3 oder 1:4 oder 1:6), als irreführend bezeichnet werden.

Wird der Zement nach Raumteilen bemessen, so ist mit erheblichen Schwankungen des Zementgehalts der Mischungen zu rechnen[1]). Die Zusammensetzung des Betons ist deshalb durch Angabe der Zementmenge nach Gewicht und durch Angabe des Anteils von Sand und Kies und Schotter zahlenmäßig bestimmt zu machen, z.B. 300 kg Zement in 1 m^3 fertig verarbeitetem Beton, Sand zu groben Zuschlägen wie 2:3, auch dieses Verhältnis am besten durch Gewichtsangabe. Auf großen Baustellen und in Betonwarenfabriken werden Einrichtungen verwendet, mit denen Zement, Sand, Kies usf. nach Gewicht gemessen werden.

d) Kornzusammensetzung des Sands. Weitgehende Ausnutzung des Bindemittel wird erreicht, wenn die Kornzusammensetzung des Mörtels im Beton etwa den Verhältnissen entspricht, die in Abb. 17 zeichnerisch dargestellt sind. In Abb. 17 gilt der ausgezogene Linienzug für Flußsande und Moränesande. Er besagt, daß vom trockenen Gemenge aus Zement und Sand 25% durch das Sieb mit 0,2 mm Maschenweite (900 Maschen auf 1 cm^2) fallen sollen; durch das Sieb mit 1 mm Lochdurchmesser sollen 35% und durch das Sieb mit 3 mm Lochdurchmesser 65% gehen. Die obere Grenze des Mörtels

---

[1]) Vgl. z. B. Bauingenieur 1926, S. 398f.; sowie Graf, Der Aufbau des Mörtels und des Betons, 2. Aufl., S. 1f., 3. Aufl., S. 1f., ferner Graf, Die Eigenschaften des Betons, S. 52, 53 und 221.

(des trockenen Gemenges aus Zement und Sand) ist durch das Sieb mit 7 mm Lochdurchmesser gegeben. Liegt der Linienzug der Mörtel mit Flußsanden und Moränesanden über *a b c d*, so wird die Festigkeit kleiner als bei einer Kornzusammensetzung nach dem ausgezogenen Linienzug; verläuft der Li-

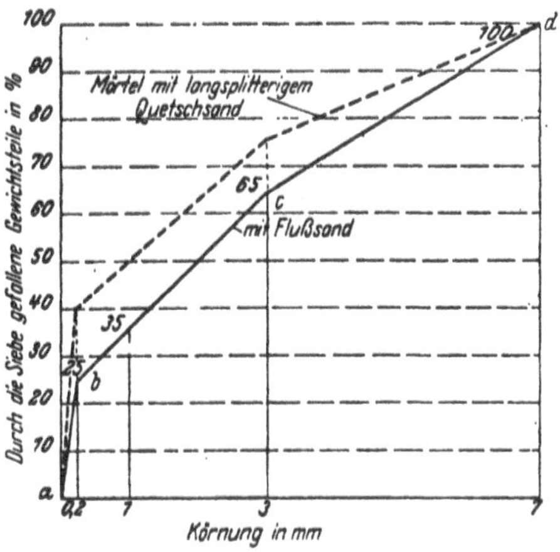

Abb. 17. Zweckmäßige Kornzusammensetzung des Mörtels im Beton (trockenes Gemisch von Zement und Sand)

nienzug erheblich unter *a b c d*, so geht die Festigkeit ebenfalls zurück. Abb. 18 enthält Beispiele aus Versuchen mit Mörteln verschiedener Kornzusammensetzungen bei gleicher Steife. Mörtel *h* hatte die Kornzusammensetzung, die durch Abb. 17 empfohlen ist; er lieferte die größte Festigkeit. Mörtel *e* ergab nur etwa die Hälfte der Festigkeit des Mörtels *h*, wobei hervorzuheben ist, daß unter praktischen Verhältnissen Mörtel zu finden sind, deren Sieblinie noch über derjenigen des Mörtels *e* liegen.

Für Mörtel mit Quetschsanden gilt der obere gestrichelte Linienzug der Abb. 17. Hiernach müssen Mörtel mit den sperrigen Quetschsanden mehr feine Teile enthalten, um unter sonst gleichen Verhältnissen die beste Ausnutzung des Bindemittels zu erlangen.

Die Siebregel nach Abb. 17 kann auch zur Beurteilung der Wirkung von Traß, Quarzmehl usf., soweit es sich um die

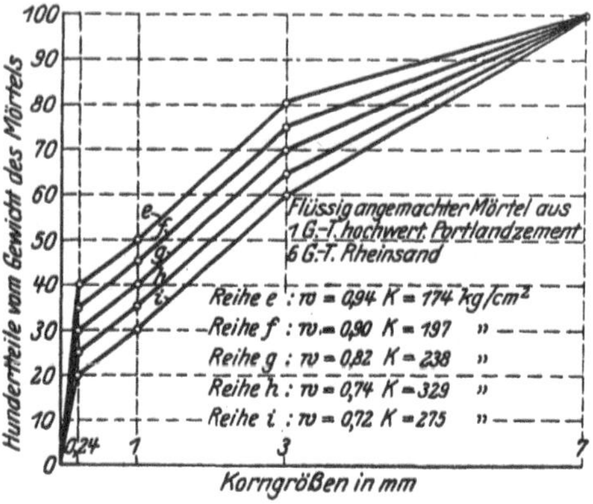

Abb. 18. Einfluß der Kornzusammensetzung des Mörtels, also des Gemischs aus Zement und Sand, auf die Druckfestigkeit

Druckfestigkeit handelt, herangezogen werden. Eine Steigerung der Festigkeit durch den Zusatz von Steinmehlen ist zu erwarten, solange die Sieblinie der Flußsandmörtel mit den feinen Teilen unter dem Linienzug *a b c d* der Abb. 17 liegt[1]).

In vielen Fällen ist der Anteil der feinsten Teile (unter etwa 0,02 mm) von Bedeutung, und zwar wegen der Verarbeitbarkeit des Betons, z. B. beim Deckenschluß von Betonfahrbahnen[2]). Vgl. auch unter 6, S. 66 uf.

---

[1]) Weiteres vgl. Graf, Der Aufbau des Mörtels und des Betons, 2. Aufl., S. 31 und 32, 3. Aufl., S. 31f., ferner Die Eigenschaften des Betons, S. 92 uf.

[2]) Vgl. dazu Graf, Die Eigenschaften des Betons, S. 91 u. f., insbes. Abb. 107e.

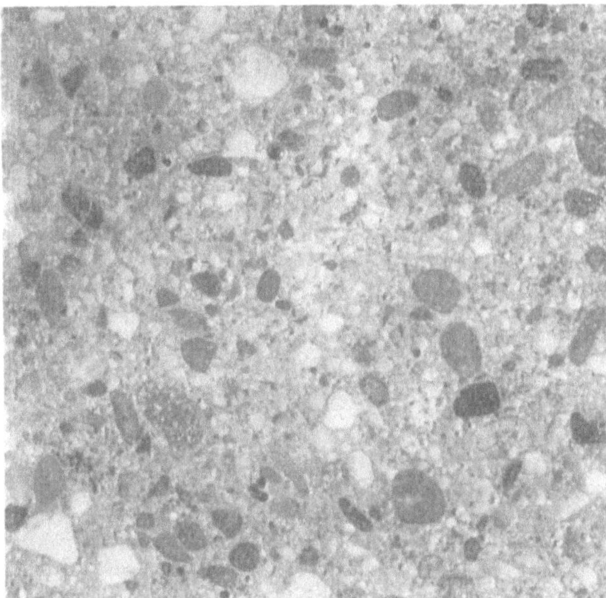

Abb. 19. Zweckmäßig zusammengesetzter Mörtel (etwa natürliche Größe)

Die bisher geschilderten Bedingungen über die zweckmäßige Körnung der Zuschlagstoffe sind gültig, wenn die Verarbeitung des Betons durch Stampfen, Stochern und Gießen vorgesehen ist. Wird der Beton gerüttelt, so sind Körnungen mit etwas tiefer liegenden Sieblinien, also etwas gröbere Körnungen anwendbar; damit sind besonders hohe Festigkeiten erreichbar.

Lose geschütteter Kies weist rund 40 bis 45% Hohlräume auf, lose geschütteter Schotter 45 bis 60%. Infolgedessen muß Schotterbeton mehr Mörtel enthalten als Kiesbeton, wenn die groben Steine eben noch allseitig vom Mörtel umhüllt werden sollen.

e) Brauchbare und besonders gute Kornzusammensetzung. Unsere Versuche ergaben, daß durch eine besonders hohe Ausnutzung des Bindemittels auch in anderer Hinsicht besonders hohe Eigenschaften erreicht werden, wenn die Zusammensetzung der Mörtel gemäß der mit Abb. 17 beschriebenen Linie *a b c d* gewählt wird.

Für die praktische Anwendung ist hervorzuheben, daß die Mischungen nach dem Linienzug *a b c d* nur mit besonderer Sorgfalt verarbeitet werden können, weshalb solche Mörtel in erster Linie für Betonwarenfabriken und auf gut ausgerüsteten und gut geleiteten Baustellen in Betracht kommen. Mörtel, deren Sieblinie unter dem Linienzug *a b c d* liegt, können noch gebraucht werden, wenn eine zuverlässige, hochwertige Rüttlung angewandt wird. Praktisch ist vorzuschlagen, daß wegen der unvermeidlichen Schwankungen, die bei der Anlieferung und bei der Verarbeitung auftreten, allgemein etwas feinere Körnungen vorzusehen sind, also Körnungen, deren Sieblinien wenig über *a b c d* liegen. Dementsprechend wird in den Bestimmungen des deutschen Ausschusses für Stahlbeton verfahren.

Dort ist für die Sande der groben Mörtel eine Grenze gewählt, die nach Abzug des Zementanteils und unter Annahme des für Stahlbeton vorgeschriebenen Mindestgehalts an Zement über *a b c d* der Abb. 17 liegt.

In bezug auf die Stufung der Körnung des Kieses ist seit langer Zeit bekannt, daß diese in der Regel von untergeordneter Bedeutung ist. Daß gröbere Stücke als verlangt nicht geliefert werden, ist oft sehr wichtig, weil sonst bei bewehrtem Beton die Einbettung der Eisen ungenügend werden kann.

Nachdem die Körnung des Sandes erkundet war, welche zur Erlangung höchster Festigkeiten in Betracht kommt, auch der Einfluß der Menge und der Art der groben Zuschläge bekannt war, mußte noch festgestellt werden, wie das Gemenge aus Sand und Kies beschaffen sein soll, wenn damit höchste Festigkeiten erlangt werden sollen. Es zeigte sich dazu u. a., daß der Anteil der Bestandteile des Betons, die durch das 7 mm Rundlochsieb fallen, unter praktischen Verhältnissen für Stahlbeton bis auf etwa 45% des Gewichts

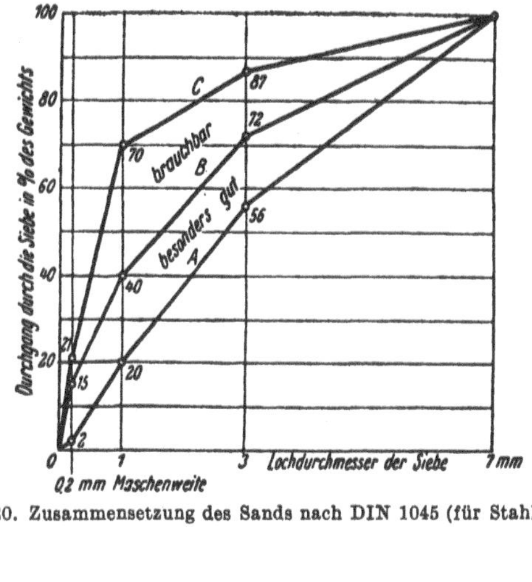

Abb. 20. Zusammensetzung des Sands nach DIN 1045 (für Stahlbeton)

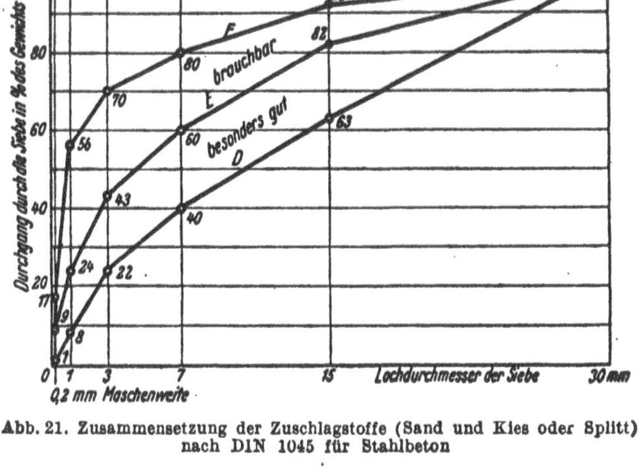

Abb. 21. Zusammensetzung der Zuschlagstoffe (Sand und Kies oder Splitt) nach DIN 1045 für Stahlbeton

des trockenen Gesamtgemenges heruntergehen kann, wenn sorgfältige Verarbeitung stattfindet. Damit ist allgemein die Grenze der Körnung gegeben, welche für Stahlbeton nach dem früher Gesagten nicht unterschritten werden darf. Sinngemäß ist für andere Bauaufgaben verfahren worden[1]).

Nach Festlegung der einen Grenze der zulässigen Körnung der Betonzuschlagstoffe — in unserem Fall für Stahlbeton — ist nun auch die andere Grenze zu suchen, die die zulässige Körnung in der Richtung festlegt, daß die zu feinen Sande und die Kiessande mit zu wenig Kies ausgeschaltet werden.

Die Körnungen, die von den feinkörnigen Kiessanden als noch zulässig zu bezeichnen sind, müssen auf die Erkenntnisse über das Verhalten von Bauwerken abgestimmt sein, die mit feinkörnigen Mischungen hergestellt sind, weiterhin auf die Möglichkeiten, die in technischer und wirtschaftlicher Beziehung die Beschaffung von Sand und Kies bedingen. Mangelhafte Kiessande sind bis zu einer gewissen Grenze brauchbar, wenn der Zementgehalt reichlich gewählt wird.

Nach dem, was über den Einfluß der Körnung des Betons bekannt ist, würde der Wunsch bestehen, möglichst gute Zusammensetzung zu verlangen, also die Körnung nahe derjenigen zu wählen, die praktisch größte Dichte und Widerstandsfähigkeit liefert. Diese Folgerung ist mit natürlichem Vorkommen nur selten zu erfüllen, auch bei Vermengung von Stoffen verschiedener Herkunft oft nur nach kostspielgen Maßnahmen zu erreichen. Überdies ist eine besondere Auslese nur für hochwertige Stahlbetonbauten, wichtige Wasserbauten, Betonbrücken, Betonstraßen u. dgl. genügend begründet. Es müssen also Grenzen gesucht werden, die technisch und wirtschaftlich noch angängig erscheinen.

Der Deutsche Ausschuß für Stahlbeton hat auf Grund von Versuchen und sonstigen Feststellungen die in Abb. 20 und 21 ersichtlichen Grenzen für Sand und Kiessand gewählt, wobei der Mindestgehalt von Zement 240 kg/m^3 betragen muß, wenn besonders gute Körnung vorhanden ist, dagegen 270 kg/m^3, wenn nur brauchbare Körnung vorliegt.

[1]) Näheres bei Graf, Die Eigenschaften des Betons, S. 81 bis 83.

Sinngemäß sind verwandte Vorschriften für Straßenbeton[1]), Feinbeton zu Betondachsteinen[2]) entwickelt worden. Weiteres vgl. unter Leichtbeton, S. 74 u. f.

f) Einfluß des Wassergehalts des frisch verarbeiteten Betons. Die Druckfestigkeit des Betons ist in hohem Maß von der Größe des Wasserzusatzes abhängig. Der Mindestwasserzusatz ist derart zu bemessen, daß erdfeuchter Beton entsteht, der beim Stampfen und beim Rütteln noch zum deutlichen „Schwitzen" gebracht wird. Bei weiterer Steigerung des Wasserzusatzes nimmt die Druckfestigkeit ab, vgl. Abb. 22. Dabei ist in erster Linie der Quotient w aus Wassergewicht und Zementgewicht maßgebend, derart, daß aus der Größe der Verhältniszahl w (Wasserzementwert) auf die voraussichtliche Mindestdruckfestigkeit geschlossen werden kann, wie aus Abb. 23 ersichtlich ist[3]).

Aus den Ergebnissen der Abb. 22 und 23[4]) erhellt, daß es zweckmäßig sein muß, die Zusammensetzung des Betons so zu wählen, daß die Verhältniszahl w möglichst klein wird, wozu unter sonst gleichen Verhältnissen eine besonders gute Kornzusammensetzung gehört und außerdem Zuschlagstoffe nötig sind, die sich gegenseitig mit möglichst geringen Hemmungen einordnen. Das letztere ist bei Zuschlagstoffen aus Moränen eher der Fall als bei Flußsand und Flußkies und bei diesen wieder leichter als bei gebrochenem Gestein. Mit gleichem Zementaufwand und gleichen Kornabstufungen sowie mit gleicher Steife werden mit Geröll in der Regel etwas höhere Festigkeiten erreicht als mit gebrochenem Zuschlagstoffen.

g) Lehm, Ton. Der Gehalt an lufttrockenen Lehmen, die im Sand und Kies als Staub fein verteilt sind, können in vielen

---

[1]) Vgl. Richtlinien für die Herstellung von Betonfahrdecken.

[2]) Vgl. DIN 1115.

[3]) Vgl. Graf, Aufbau des Mörtels und des Betons, 1. Aufl. 1923, 2. Aufl. 1927, 3. Aufl. 1930, ferner die Eigenschaften des Betons, S. 107 u. f.

[4]) Die in Abb. 23 benutzte Normenfestigkeit Kn des Zements ist nach den alten Zementnormen ermittelt worden. Wenn die Normenfestigkeit nach den jetzt geltenden, neuen Normen angesetzt wird, ist die Beziehung

$$K = \frac{Kn}{y\ w^2}$$

mit $y = 2{,}5$ bis 6 zu benutzen. Weiteres bei Graf, Die Eigenschaften des Betons, S. 109.

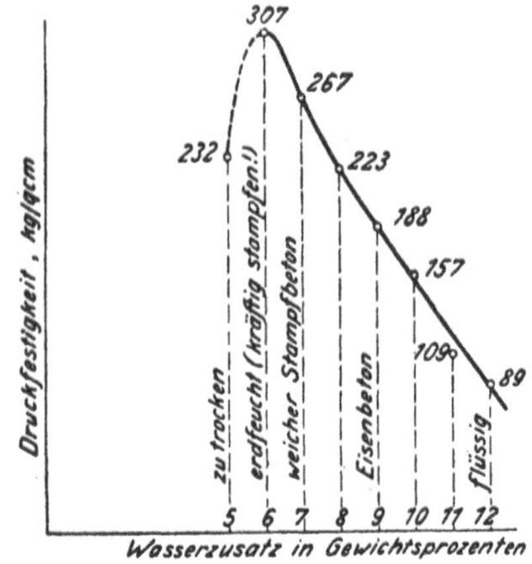

Abb. 22. Einfluß des Wasserzusatzes auf die Druckfestigkeit von Beton

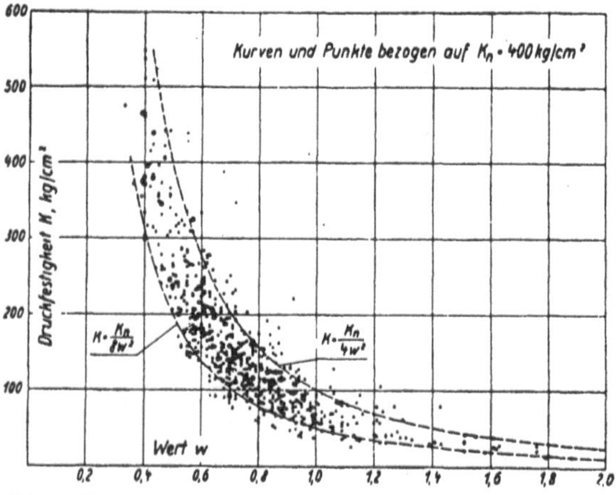

Abb. 23. Würfelfestigkeit des Betons und Wasserzementwert w[1])

[1]) Die Normenfestigkeit des Zements ist nach den alten Normen ermittelt.

Fällen nach der Sieblinie (Abb. 17) beurteilt werden; es soll vom trockenen Mörtel (Gemisch aus Zement und Sand) bei Geröll nicht mehr als 25%, bei gebrochenen Zuschlagstoffen nicht mehr als 35% durch das Sieb mit 0,2 mm Maschenweite fallen. Versuche mit lehmigen Sanden, die nach längerem Feuchthalten verarbeitet wurden, zeigten, daß auch in diesem Fall die Beurteilung nach dem Anteil der Korngrößen statthaft ist. Fette Tone haben die Festigkeit der Mörtel bereits mit geringen Zusätzen erheblich beeinträchtigt[1]).

Nach den Bestimmungen des deutschen Ausschusses für Stahlbeton, Teil A, § 5, kann die Menge der abschlämmbaren Stoffe (0,02 mm) im Sand bis 3 Gewichtsprozente des Zuschlags betragen[2]).

h) Organische Bestandteile der Sande, Kiese usf. Zum Nachweis organischer Verunreinigungen kann zunächst folgende Prüfung empfohlen werden. In eine Glasflasche wird zu 130 cm³ Zuschlagstoff 3%ige NaOH-(Ätznatron-)Lösung gegossen, bis insgesamt 200 cm³ der Flasche gefüllt sind. Nach wiederholtem, kräftigem Schütteln bleibt die Probe 24 Stunden stehen. Entsteht eine starke Gelbfärbung der Flüssigkeit, so ist Vorsicht geboten. Die Verfärbung der Flüssigkeit ist zwar nicht immer auf organische Beimengungen zurückzuführen, gibt aber gegebenenfalls Anlaß zu weiteren Feststellungen durch chemische Analysen.

i) Beschaffenheit des Anmachwassers. Wasser aus Trinkwasserleitungen ist immer verwendbar. Fast alle in der Natur vorkommenden Wässer können zum Anmachen des Betons benutzt werden.

k) Mischen und Verarbeiten des Betons. Stampfbeton. Rüttelbeton. Weicher Beton. Pumpbeton. Gußbeton. Schüttbeton. Die Bewegung des Mischguts in der Mischtrommel sollte mindestens ½ Minute dauern; längere Mischdauer steigert die Festigkeit nicht bedeutend, wenn gute Mischer benutzt werden. Bei größeren Entfernun-

---

[1]) Vgl. Graf, Aufbau des Mörtels und des Betons, 3. Aufl., S. 36f., insbesondere S. 49, sowie Die Eigenschaften des Betons, S. 91.

[2]) Weiteres in DIN 4226, Richtlinien für die Lieferung und Abnahme von Betonzuschlagstoffen aus natürlichen Vorkommen.

gen zwischen Mischmaschine und Verarbeitungsstelle kann Nachmischen des Betons nötig werden.

Stampfbeton ist nur anzuwenden, wenn die erforderliche Sorgfalt und Regelmäßigkeit beim Stampfen (Maschinenstampfer) gewährleistet werden kann, und wenn Rüttelgeräte fehlen. Die Stampfschichten sind so niedrig zu halten, daß der Beton über den jeweils aufgerauhten Stampfflächen hinreichend verdichtet wird. In der Regel wird der Beton mit Rüttlern (Innenrüttler, Außenrüttler, Tischrüttler, Oberflächenrüttler) verdichtet. Dabei ist nach der Anweisung für die Verwendung von Innenrüttlern sowie derjenigen für Tischrüttler, beide herausgegeben vom Deutschen Ausschuß für Stahlbeton, zu verfahren.

Abb. 24. Zweckmäßig zusammengesetzter Beton in der Gießrinne

Weicher Beton kommt für Stahlbeton, auch für große Massenbauten, wirtschaftlich in Betracht, wenn mäßige Festigkeiten verlangt sind, da weicher Beton mit geringer Rüttelarbeit einfach verarbeitet werden kann.

Gußbeton kommt nur noch selten zur Anwendung; er soll in Rinnen als zäher Strom fließen, derart, daß eine nennenswerte Entmischung nicht stattfindet, vgl. Abb. 24. Reicht der Zementgehalt nicht aus, um die für den Transport geeignete Steife zu erlangen, oder hat der Zementbrei nicht die für solchen Beton erwünschte Klebrigkeit, so kann der Beton durch Zusetzen kleiner Mengen Traß oder Kalk zähe gemacht werden. Doch ist vor der Anwendung solcher Zusätze klarzustellen, ob sie unter den jeweiligen örtlichen Verhältnissen zweckdienlich sind oder ob Erhöhung des Zementgehalts angezeigt ist.

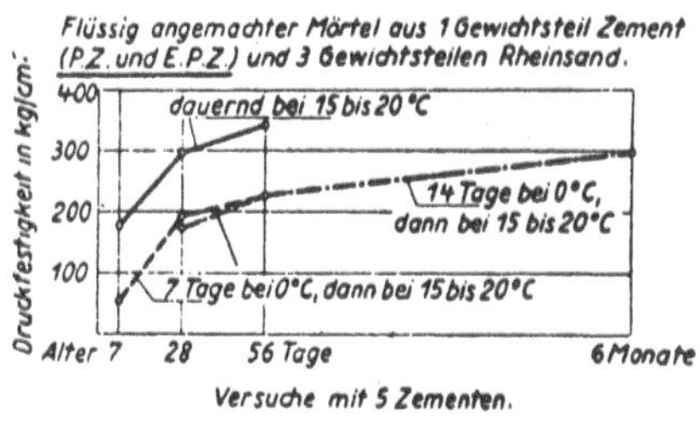

Abb. 25. Einfluß tiefer Temperatur während der ersten und zweiten Woche auf die Druckfestigkeit von Zementmörtel

Pumpbeton kann mit dem Ausbreitmaß $g = 40$ cm gefördert werden; der Sandgehalt kann dabei bis auf 50 v. H. beschränkt bleiben, wenn Kiessand benutzt wird. Fetter Beton ist leichter zu pumpen als zementarmer.

Schüttbeton soll lediglich durch Schütten und leichtes Stochern den vorgesehenen Raum füllen; er wird in der Regel als entfeinter Beton grobporig hergestellt. Vgl. DIN 4232, sowie später unter 15, S. 74 u. f.[1]).

l) Nachbehandlung des Betons. Einfluß der Temperatur. Zementmörtel und Beton müssen nach der Herstellung und während der Erhärtung möglichst lange feucht gehalten werden. Das Feuchthalten sollte sich unter gewöhnlichen Verhältnissen auf mindestens eine Woche erstrecken. Der Einfluß sachgemäßer Behandlung wird häufig unterschätzt[2]); sie ist vor allem zu pflegen, wenn Schrumpfrisse

---

[1]) Vgl. auch Fortschritte und Forschungen im Bauwesen, Reihe C, Heft 2

[2]) Vgl. Entwurf und Berechnung von Eisenbetonbauten, Bd. 1, S. 32f

oder Schwindrisse zu vermeiden sind[1]). Zur Behandlung des Betons gehören auch die Maßnahmen, die den Einfluß hoher oder tiefer Temperaturen beschränken. Beim Bauen während der kalten Jahreszeit oder an kalten Stellen empfiehlt sich die Auswahl der Zemente nach ihrem Verhalten bei tiefer Temperatur[2]).

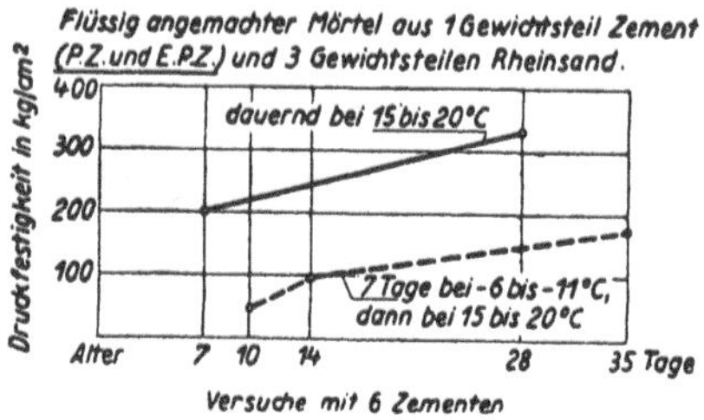

Abb. 26. Einfluß von Frost während der ersten 7 Tage auf die Druckfestigkeit von Zementmörtel

Abb. 25 und 26 lassen erkennen, daß die Druckfestigkeit durch anfängliche niedere Temperatur dauernd zurückgehalten werden kann.

Bei Bauausführungen in der kalten Jahreszeit muß der Beton so behandelt werden, daß wiederholtes Gefrieren und Auftauen erst einwirken kann, wenn die Druckfestigkeit mindestens 100 kg/cm² erreicht hat. Ist ein solches Vorgehen nicht zu gewährleisten, so kann in erster Linie durch Erhöhung des Zementzusatzes das Erforderliche erreicht werden. Tonerdezement ist für Frostarbeiten besonders geeignet, wenn es sich um Bauwerke mit kleinen Maßen handelt. Frostschutzmittel sind nur mit Vorsicht zu gebrauchen. Im übrigen sei auf die Bestimmungen des Deutschen Ausschusses für Stahlbeton (Teil A, § 10) verwiesen.

---

[1]) Vgl. Heft 295 der Forschungsarbeiten auf dem Gebiete des Ingenieurwesens, S. 35f.; ferner Beton und Eisen 1934, S. 165f.; Die Straße, 3 (1936) S. 55.

[2]) Vgl. Heft 57 des Deutschen Ausschusses für Eisenbeton, 1927, sowie Beton und Eisen 1927, S. 244f.

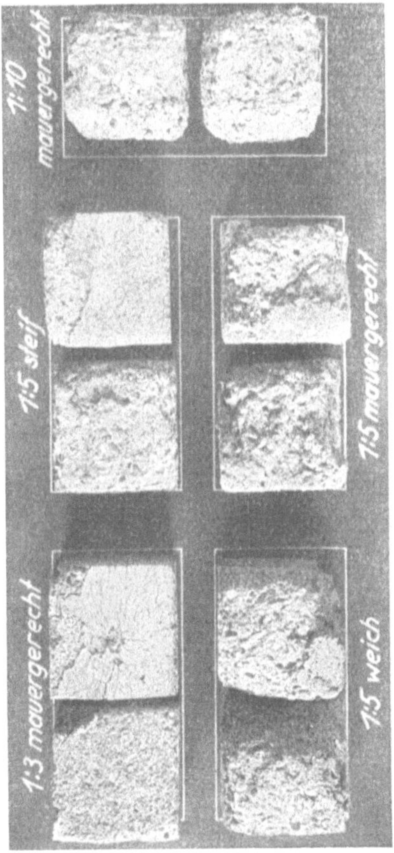

Abb. 27. Verhalten von Mörtel verschiedener Zusammensetzung nach Wasserlagerung bei 25 maligem Gefrieren und Auftauen (unter Wasser)

Wird der Beton in wassergetränktem Zustand wiederholtem Gefrieren und Auftauen oftmals ausgesetzt (z. B. in Wasserbauten), so ist die Zerstörung zu erwarten, wenn der

Beton bei Beginn des Gefrierens weniger als etwa 150 kg/cm² Druckfestigkeit aufweist[1]).

In Abb. 27 sind Würfel wiedergegeben — aus Portlandzement N und Rheinsand in verschiedenen Mischungen hergestellt —, die, im Alter von 3 Tagen beginnend, wiederholtem Gefrieren und Auftauen unter Wasser unterworfen waren. Alle Würfel sind beschädigt worden, um so eher und stärker, je geringer die Anfangsfestigkeit war. Wurde der

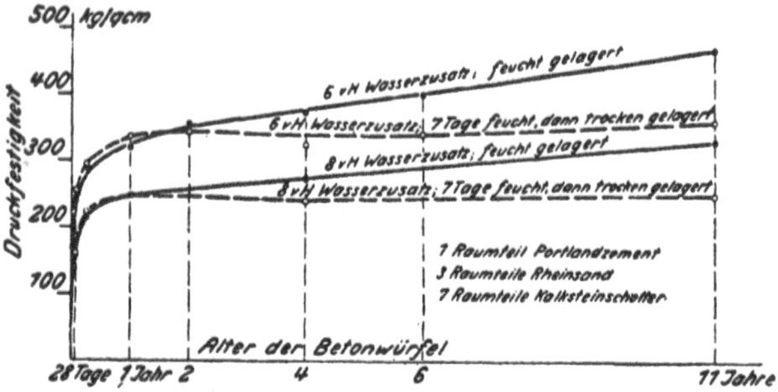

Abb. 28. Veränderlichkeit der Druckfestigkeit des Betons mit dem Alter

Gefrierversuch erst nach 28tägiger Erhärtung aufgenommen, so blieben die Würfel der ersten 4 Reihen (Mischungen 1:3 und 1:5, Abb. 27, links) erhalten; nur an den Körpern der 5. Reihe (Mischung 1:10 in Abb. 27 rechts) sind Beschädigungen beobachtet worden.

Im Sommer wird die Entwicklung der Festigkeiten beschleunigt, wenn der Beton nach dem Erstarren genügend Wasser erhält. Betonwaren werden in warmen, feuchten Räumen rasch fest.

Härtung in gespanntem Dampf führt rasch zu hohen Festigkeiten, wenn die Zuschlagstoffe viel reaktionsfähige Kieselsäure enthalten.

m) Veränderlichkeit der Druckfestigkeit des Betons mit steigendem Alter. Die bis jetzt vorliegenden Ergebnisse von Beton mit Portlandzement lassen erkennen,

[1] Vgl. Heft 99 des Deutschen Ausschusses für Stahlbeton.

daß bis zum Alter von mehreren Jahrzehnten die Druckfestigkeit von feucht gehaltenen Beton dauernd gestiegen ist. Einen Teil der zugehörigen Ergebnisse zeigt die ausgezogene Linie in Abb. 28[1]). Wird der Beton vom 7. Tag an trocken gelagert, was den Verhältnissen in vielen Bauwerken entsprechen dürfte, so bleibt die Festigkeit stehen, sobald das für die Forterhärtung nötige Wasser fehlt; in Abb. 28 ist mit entsprechend behandelten Würfeln von 30 cm Kantenlänge eine nennenswerte Zunahme der Druckfestigkeit nach Verlauf des ersten Jahres nicht mehr erfolgt.

Die amtlichen Vorschriften beziehen sich in erster Linie auf die Druckfestigkeit von 28 Tage alten Würfeln. Der Zeitraum von 4 Wochen ist meist zu lang für die Feststellung der Druckfestigkeit zu Abnahmeproben. Es ist nötig, kurzfristige Prüfungen anzuwenden, was angängig ist, wenn bei der Vorbereitung des Baus die Beziehungen zwischen der Druckfestigkeit für 3, 7 und 28 Tage alte Proben festgelegt sind. Falls solche Angaben fehlen, kann mit der Ungenauigkeit, welche dem Verfahren an sich innewohnt, aus anderweitigen Beobachtungen das Erforderliche entnommen werden[2]).

n) Vorausbestimmung der Druckfestigkeit. Aus zahlreichen Versuchen geht hervor, daß die Festigkeit des Betons in erster Linie von der Beschaffenheit des Zementbreis und des daraus entstehenden Zementsteins abhängt. Das Verhältnis des Wassergehalts des Zementbreis zum Zementgewicht steht in Beziehung zur Druckfestigkeit des Betons. Weiter hat sich gezeigt, daß die Zementeigenschaften durch die Normendruckfestigkeit gemessen werden können. Es ist also nötig, über die zu verwendenden Zemente rechtzeitig Aufschluß zu suchen. Ist die Normenfestigkeit bekannt, so kann beim Anmachen des Betons sofort angegeben werden, welche Mindestdruckfestigkeit voraussichtlich entsteht.

---

[1]) Vgl. Zement 1933, S. 527f.

[2]) Vgl. Graf, Der Aufbau des Mörtels und des Betons, 3. Aufl., S. 18, sowie Eigenschaften des Betons, S. 111 u. f. DIN 1045 (Stahlbetonbestimmungen, Teil A) enthält in § 6 folgendes: Wird für die Bewertung des Betons die Würfelfestigkeit nach 7 Tagen zugrunde gelegt, so muß diese mindestens 70%, bei Verwendung von Zement 325 oder 425 mindestens 80% der vorgeschriebenen Würfelfestigkeit nach 28 Tagen erreichen. Diese ist außerdem nachzuweisen und bleibt bei Abweichung maßgebend.

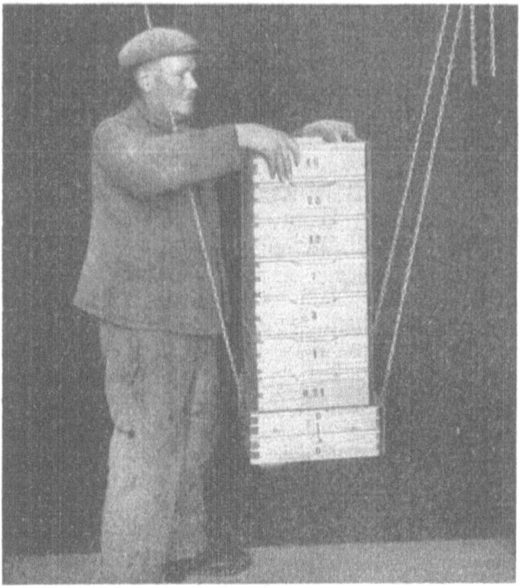

Abb. 29. Siebsatz zur Ermittlung der Kornzusammensetzung von Sand, Kiessand usw.

Nach unseren Versuchen ist

$$K = \frac{K_n}{a \cdot w^2} \text{ kg/cm}^2, \text{ worin}$$

K die Druckfestigkeit von Würfeln mit 20 cm Kantenlänge nach n Tagen,

K_n die Normendruckfestigkeit des Zements nach DIN 1164 im Alter von n Tagen,

a eine Erfahrungszahl, die zwischen 2,5 und 5 liegt und im Mittel etwa 4 beträgt,

w der Wasserzementwert[1]).

[1]) Näheres vgl. Graf, Die Eigenschaften des Betons, S. 58 u.f. Dort ist auch die Vorausbestimmung der Biegezugfestigkeit behandelt.

Solche Ermittlungen sind durch Siebversuche zu ergänzen, um festzustellen, ob die Kornzusammensetzung derjenigen nahekommt, die wünschenswert ist (vgl. Abb. 20 und 21), bzw. um zu erfahren, welche Verbesserungen wünschenswert und möglich scheinen.

Abb. 30. Setzversuch mit Beton

Zur Durchführung solcher Siebversuche stehen einfache Siebsätze nach Abb. 29 zur Verfügung[1].

Bei allen diesen Untersuchungen muß von vornherein eine bestimmte Steife gewählt werden (steif, weich, flüssig). Die Steife ist durch Messung festzulegen. Diese Messung geschieht zur Zeit am einfachsten durch den Ausbreitversuch mit dem vom Verfasser angegebenen Rütteltisch nach Abb. 31[2]).

Der Beton wird beim Ausbreitversuch zunächst in die Blechform *a* (Abb. 30) in zwei Schichten eingebracht und durch je 10 Stöße mit einem Holzstampfer leicht bearbeitet. Dann erfolgt Hochziehen der Form und Ermittlung des Setzmaßes *s* (Abb. 30). Die Betonprobe *b* sitzt auf einem Tisch, der mit dem Griff *h* (Abb. 31) um die Gelenke *f f* um $e = 4$ cm gehoben werden kann. Der Tisch wird fünfzehnmal angehoben, um jeweils zurückzufallen. Auf diese Weise wird die Betonprobe ausgebreitet. Das Maß *g* und das Aussehen des Kuchens geben Aufschluß über die Steife des Betons (Ausbreitversuch).

Für Stampfbeton ist der Ausbreitversuch nicht zu gebrauchen; dafür wird der vom Verfasser angegebene Eindringversuch vorgenommen[3]).

o) Biegedruckfestigkeit. Für Stahlbetonbalken, die in der Zugzone so stark bewehrt sind, daß die Zerstörung in der

---

[1]) Vgl. Beton und Eisen 1926, S. 210f.

[2]) Vgl. Beton und Eisen 1926, S. 210f., sowie die wiederholt angegebene Schrift „Aufbau des Mörtels und des Betons" 3. Aufl., ferner Bestimmungen des Deutschen Ausschusses für Stahlbeton, Teil D (DIN 1048).

[3]) Vgl. Deutscher Ausschuß für Eisenbeton, Heft 71, S. 57f.

Abb. 31. Ausbreitversuch auf dem Rütteltisch

Druckzone beginnt, fand sich die in der üblichen Weise berechnete Biegedruckfestigkeit des Betons größer als die Würfeldruckfestigkeit des Betons. Das Mehr erwies sich abhängig von der Größe des Balkenquerschnitts, von der Querschnittsform des Balkens, von der Lastanordnung usf. Der Verfasser hat bei einzelnen Versuchskörpern die Rechnung unter Voraussetzungen ausgeführt, die mit der Wirklichkeit im Einklang stehen und dabei gefunden, daß sich die Biegedruckfestigkeit und die Würfelfestigkeit nur unerheblich unterscheiden[1]).

2. Zugfestigkeit des Betons

Die Zugfestigkeit ist in hohem Maße von der Größe des Querschnitts der Probekörper abhängig[2]). Mit Zunahme des Querschnitts der Zugkörper ist die Zugfestigkeit kleiner ausgefallen.

Von großer Bedeutung für die Größe der Widerstandsfähigkeit des Betons gegen äußere Zugkräfte ist sodann der Zustand, in dem der Probekörper zur Zeit der Prüfung sich

[1]) Vgl. u. a. Heft E des Deutschen Ausschusses für Eisenbeton.

[2]) Vgl. Graf, Druckfestigkeit von Zementmörtel, Beton, Eisenbeton und Mauerwerk, S. 84f., ferner Die Eigenschaften des Betons, S. 137 u. f.

befindet, sowie die Behandlung, die der Körper erfährt. (Näheres unter 5, S. 63 usf.)

Für Prismen mit 400 cm² Querschnitt fanden sich mit üblichen Stahlbetonmischungen nach feuchter Lagerung im Alter bis rund 3 Monate Zugfestigkeiten von etwa 12 bis 20 kg/cm²[1]). Sondermischungen (für Rohre u. dgl.) lieferten bis rund 37 kg/cm²[1]). Für Spritzbeton (Torkret, baumäßig hergestellt) ergab sich bis zu 36 kg/cm².

Die Verlängerung des Betons bis zum Bruch ist zu 0,07 bis 0,13 mm/m ermittelt worden.

3. Biegezugfestigkeit des Betons

Die in der üblichen Weise berechnete Biegezugfestigkeit von Betonbalken mit rechteckigem Querschnitt ist größer als die Zugfestigkeit gleicher Körper, in erster Linie, weil die Dehnungszahl des Betons rascher wächst als die Belastung, so daß die in der üblichen Rechnung vorausgesetzte geradlinige Spannungsverteilung nicht zustande kommt. Sodann ist wesentlich, daß die größte Zugspannung beim Balken nur in einer Ebene auftritt, bei Belastung in der Mitte des Balkens sogar nur an der äußeren Kante eines Querschnitts, während beim Zugversuch mit prismatischen Körpern die rechnerische Spannung über die ganze Versuchsstrecke im vollen Querschnitt vorauszusetzen ist.

Das Verhältnis zwischen Zugfestigkeit und Biegezugfestigkeit (diese durch Belastung des Balkens in der Mitte festgestellt) fand sich bei Stuttgarter Versuchen zu 1,6 bis 2,7.

Die Biegezugfestigkeit ist bei 28 Tage alten Körpern aus weich oder flüssig angemachtem Beton zu 20 bis 50 kg/cm² ermittelt worden; Rüttelbetonbalken und Spritzbetonproben, ferner Mörtelproben lieferten höhere Werte, bis rund 100 kg/cm² und nicht sehr selten auch mehr. Die Biegezugfestigkeit wächst mit dem Alter erheblich.

Wie die Zugfestigkeit hängt auch die Biegezugfestigkeit in hohem Maß vom Feuchtigkeitszustand des Betons ab. Unter

---

[1]) Vgl. Graf, Druckfestigkeit von Zementmörtel, Beton, Eisenbeton und Mauerwerk, S. 84 u. 92.

anderen ergaben Torkretproben nach anfänglich feuchter, dann trockener Lagerung 32 kg/cm². Für gleiche Platten, die noch 8 Tage unter Wasser lagerten, sind 63 kg/cm² festgestellt worden[1]).

Über die Dehnungsfähigkeit des Betons in Balken vgl. Handbuch für Eisenbetonbau, 1. Band, 3. Auflage, S. 92f., 4. Auflage, S. 37f.

4. Elastizität des Betons[2])

Der Elastizitätsmodul E liegt unter zulässiger Last in weiten Grenzen. Bei Bimsbeton geht E erheblich unter 100000 kg/cm² herab; bei hochwertigem Stampfbeton steigt E bis auf etwa 500000 kg/cm²; unter besonderen Verhältnissen treten noch höhere Werte E auf. Dementsprechend beträgt das Verhältnis n der Dehnungszahl des Betons zu derjenigen des Stahls unter zulässigen Anstrengungen etwa 20 bis 4; bei hohen Anstrengungen des Betons mit kleineren Festigkeiten, insbesondere des Leichtbetons, wird n noch größer als 20, bei Gas- und Schaumbeton (mit zulässigen Festigkeiten) bis 300[3]).

Für die Beziehungen zwischen dem Elastizitätsmodul der gesamten Zusammendrückungen und der Druckfestigkeit des geschlossenen Betons hat der Verfasser zu überschlägigen Feststellungen folgende Gleichung angegeben:

$$E = \frac{100000}{1{,}7 + \frac{1}{W} \cdot 360} \text{ kg/cm}^2,$$

worin W die Würfelfestigkeit des Betons in kg/cm² bedeutet.

Die Elastizität des Betons hängt überdies vom Feuchtigkeitszustand des Betons, vom Alter des Betons, von den Eigenschaften des Gesteins, vom Wasserzusatz des frischen Betons

[1]) Vgl. Graf, Band 27 der Forschungsarbeiten aus dem Straßenwesen, 1940, ferner die Eigenschaften des Betons, 1950, S. 152.

[2]) Ausführlich in Heft 227 der Forschungsarbeiten auf dem Gebiete des Ingenieurwesens, sowie Graf, Die Eigenschaften des Betons, S. 131 u. f.

[3]) Vgl. Graf, Über den Stand der Untersuchungen mit Gas- und Schaumbeton, 1951.

usf. ab[1]), so daß die angegebene Gleichung nur mittlere Werte in einem großen Streubereich geben kann.

Die hier angegebenen Werte von E gelten nur, wenn die Lasten kurzfristig wirken. Bei sehr langer Dauer der Last wachsen die Formänderungen bedeutend[2]).

5. Schwinden und Quellen[3]). Schwindspannungen

Daß Körper aus Zementmörtel und aus Beton beim Austrocknen kleiner werden, also schwinden, beim Durchfeuchten größer werden, somit quellen, ist seit langer Zeit bekannt. Ebenso weiß man schon lange, daß das Schwinden nur beschränkt gehindert werden darf, andernfalls können Schwindrisse entstehen.

Werden feucht gehaltene Betonkörper dem Austrocknen ausgesetzt, so beginnt das Austrocknen an der Oberfläche und schreitet abhängig von der Porenbeschaffenheit des Mörtels, den Eigenschaften des Zements, des Sands, des Schotters usw., dem Feuchtigkeitszustand und der Temperatur der Luft, der Bewegung der Luft, mehr oder minder rasch von außen nach innen vor. Der Beton wird außen nahezu lufttrocken, während der Kern noch feucht ist. Die trockene Schicht will sich verkürzen, der feuchte Kern nicht. Infolgedessen entstehen in einem solchen Betonkörper Zugspannungen an den Außenflächen, Druckspannungen im Kern.

Erreichen die Zugspannungen die Zugfestigkeit des Betons, so entstehen Risse (Schwindrisse), die von außen nach innen mehr oder minder tief eindringen und in erster Linie an Stellen mit geringer Festigkeit (Stampffugen usf.) oder an Stellen mit plötzlicher Querschnittsänderung hervortreten. Mit fortschreitendem Austrocknen wird auch der Kern allmählich zum Schwinden gebracht, die Zugspannungen an den Außen-

[1]) Vgl. Bautechnik 1926, S. 494ff.

[2]) Vgl. Beton und Eisen 1934, S. 167, Fortschritte und Forschungen im Bauwesen, Reihe B, Heft 5, schließlich Graf, Die Eigenschaften des Betons, S. 192 u. f.

[3]) Näheres in Heft 295 der Forschungsarbeiten auf dem Gebiet des Ingenieurwesens, S. 35f., ferner in Zement 1934, S. 610f., sowie in Graf, Die Eigenschaften des Betons, S. 180 u. f.

flächen treten zurück, die Schwindrisse schließen sich unter gewissen Umständen wieder, so daß sie mit bloßem Auge nicht mehr wahrnehmbar sind. Das Austrocknen dauert jedoch in der Regel sehr lange, schon bei Prismen mit 400 cm² Querschnitt unter gewöhnlichen Verhältnissen mindestens mehrere Monate.

Die Wirkung der Schwindspannungen läßt sich anschaulich an Zugkörpern von 5 cm² Querschnitt verfolgen, wenn diese zunächst unter Wasser lagern und dann an der Luft austrocknen. So ergab sich die Zugfestigkeit bei 28 Tage alten Körpern nach Wasserlagerung zu 34,5 kg/cm², bei der folgenden Luftlagerung

nach	6	Stunden	zu	38,4 kg/cm²,
,,	14	,,	,,	32,1 kg/cm²,
,,	24	,,	,,	26,3 kg/cm²,
,,	2	Tagen	,,	21,5 kg/cm²,
,,	3	,,	,,	24,5 kg/cm²,
,,	4	,,	,,	28,0 kg/cm²,
,,	6	,,	,,	34,4 kg/cm²,
,,	12	,,	,,	43,2 kg/cm².

Wie ersichtlich, führte das Austrocknen zu erheblicher vorübergehender Verminderung der Widerstandsfähigkeit gegen äußere Kräfte. Nach zweitägigem Austrocknen war die Zugfestigkeit nur noch das $\frac{21,5}{34,5} = 0,6$fache der Zugfestigkeit der Körper, die sofort nach der Entnahme aus dem Wasser geprüft worden sind.

Bei der Beurteilung dieser Vorgänge ist weiter im Auge zu behalten, daß der Mörtel und Beton zum größeren Teil aus Naturgestein, zum kleineren Teil zunächst aus Zementbrei bestehen, der sich mehr oder minder rasch zu einem neuen Gestein wandelt. Viele Natursteine haben zwar wie der erhärtete Zementbrei die Eigenschaft, bei Änderung des Feuchtigkeitszustandes den Rauminhalt zu ändern. Doch führt der Zementstein unter sonst gleichen Verhältnissen weit größere Raumänderungen aus als die meist verwendeten Natursteine. Infolgedessen wird im Beton das Schwinden und Quellen des

Zementsteins durch die eingebetteten Steine gehindert, um so mehr, je weniger nachgiebig das Gestein ist; es entstehen

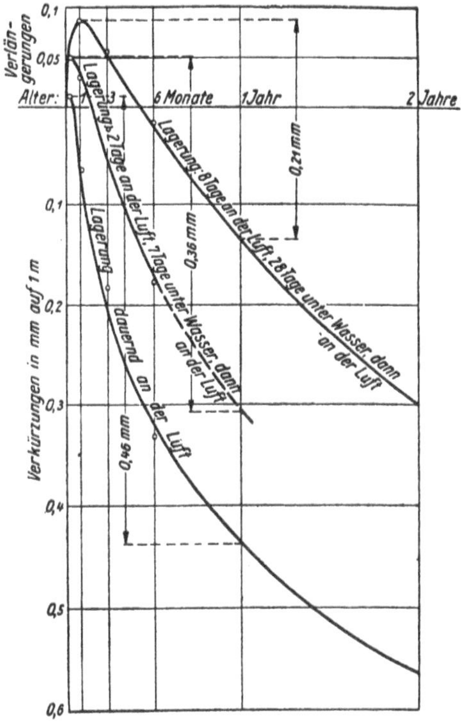

Abb. 32. Einfluß der Behandlung des Betons auf die Raumänderungen

erhebliche Spannungen durch das verschiedene Verhalten des Naturgesteins und des Zementsteins, und zwar beim Schwinden Zug im Zementstein und Druck im Zuschlag.

Wird das Schwinden und Quellen des Mörtels und des Betons durch äußere Kräfte (Reibung, Zusammenhang mit anderen Bauteilen usf.) gehindert, so treten zu den bisher genannten inneren Spannungen noch diejenigen, die der Hinderung der Längenänderung durch die äußeren Kräfte entsprechen.

Die Größe des Schwindens des Betons ist abhängig vom Zement, vom Zementgehalt, von der Menge des Anmachwassers, von der Kornzusammensetzung und der Elastizität des Gesteins, vom Alter und namentlich von der Behandlung, was Abb. 32 zeigt[1]).

6. Wasserundurchlässigkeit des Betons[2])

Die technische Undurchlässigkeit von Behältern, Rohren usf. aus Beton hängt in erster Linie von der Sorgfalt und Umsicht der bei der Herstellung Beteiligten ab. Gleichartige Beschaffenheit des Betons, Einfüllen des Betons in regelmäßigen Schichten verhältnismäßig geringer Höhe, ausreichende und gleichmäßige Bearbeitung des Betons nach dem Einbringen sind nicht weniger wichtig als die zweckmäßige Zusammensetzung des Betons; ungenügende Sorgfalt beim Verarbeiten des Betons ist in erster Linie an Mißerfolgen der hier in Betracht kommenden Art beteiligt.

Wichtig ist zuerst die Wahl des Zements. Erfahrung und Versuch haben gezeigt, daß unter sonst gleichen Verhältnissen mit verschiedenen Zementen sehr verschiedene Wasserdurchlässigkeit erlangt wird. Vor langer Zeit hat der Verfasser Vergleiche mit 4 Zementen angestellt; an 6 cm dicken Betonplatten aus 1 Raumteil Zement, 2 Raumteilen Neckarsand und 3 Raumteilen Neckarfeinkies, 4 Wochen feucht behandelt, fand sich, daß mit 2 Zementen bereits unter $p = 1$ at Tropfenbildung eintrat, während die Platten mit den 2 anderen Zementen noch unter 7,5 at kein Wasser durchließen[3]).

---

[1]) Vgl. Graf, Die Eigenschaften des Betons, S. 180 u. f.

[2]) Entwurf und Berechnung von Eisenbetonbauten, Bd. 1, S. 41f., ferner Walz, Die heutigen Erkenntnisse über die Wasserdurchlässigkeit des Mörtels und des Betons, Berlin 1931, sowie Graf, Heft 65 des Deutschen Ausschusses für Eisenbeton, sowie Die Eigenschaften des Betons, S. 171 u. f.

[3]) Bauingenieur 1923, S. 221f.

Bei anderen Versuchen zeigte sich u. a. die bedeutende Überlegenheit eines hochwertigen, feiner gemahlenen Zements gegenüber dem gewöhnlichen Zement aus demselben Werk.

Der Mörtel im Beton und der Putzmörtel für Behälter sind derart aufzubauen, daß die Hohlräume möglichst geringen Anteil im Mörtel und Beton haben. Dazu gehört u.a., daß die kleineren Körner die zwischen den gröberen Körpern verbliebenen Räume möglichst vollkommen ausfüllen. Die Erreichung dieses Zieles ist von der Kornzusammensetzung, von der Gestalt und der Oberflächenbeschaffenheit der Körner (Kies ist geeigneter als gebrochener Zuschlag), sowie von der Arbeit, die zur Verdichtung aufgewendet wird, u. a. m. abhängig. Als Wegweiser sollten die Feststellungen dienen, die zu S. 42f. vornehmlich für die Druckfestigkeit des Betons zu machen waren. Beton mit besonders guter Körnung wird bei sachgemäßer Verarbeitung praktisch wasserundurchlässig, wenn 240 kg Zement zu jedem m^3 Beton verbraucht werden. Besonders geeignet ist weicher Rüttelbeton. Erdfeucht angemachter Stampfbeton ist nicht zu empfehlen, weil der dichte Anschluß an den Stampfflächen oft mangelhaft wird. Flüssig angemachter Beton wird durchlässiger als weich angemachter.

Sehr wichtig ist hier die Behandlung des Betons. Bauteile die wasserundurchlässig werden sollen, sind nach der Herstellung möglichst lange, wenn irgend angängig bis zur Ingebrauchnahme, feucht zu halten.

Sind besondere Zusätze in Aussicht genommen, die den Beton weniger durchlässig machen sollen, so empfiehlt es sich, ausführliche Nachweise von unabhängiger Stelle zu verlangen, derart, daß durch klar beschriebene, der Bauausführung entsprechende Versuche die Wirkung nachgewiesen wird.

Dieser Nachweis kann nur durch Versuche[1]) geführt werden, bei denen unter sonst genau gleichen Verhältnissen gleichzeitig mit und ohne Zusatz gearbeitet wird, und für welche Kornzusammensetzung, Zementgehalt, Konsistenz durch zahlenmäßige Angaben der Beurteilung zugänglich gemacht ist.

[1]) Vgl. Teil D der Bestimmungen des Deutschen Ausschusses für Stahlbeton, Ausgabe 1943.

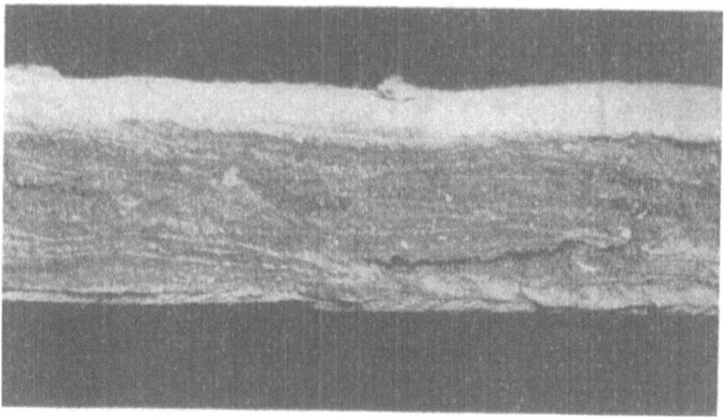

Abb. 33. Querschnitt durch eine Platte aus gespritztem Beton

Spritzbeton (Torkret) mit dem Querschnitt nach Abb. 33 hat bei sachgemäßer Herstellung und Behandlung gute Ergebnisse geliefert. Bei unseren Versuchen waren 2 bis 3 cm dicke Platten, die unter 7 at Wasserdruck kein Wasser durchtreten ließen (Dauer der Belastung 24 Stunden und länger).

7. Gleitwiderstand des Stahls im Beton

Im Stahlbetonbau soll der Stahl die Zugkräfte voll aufnehmen, wenn durch Schwindspannungen und äußere Kräfte der Zugwiderstand des Betons erschöpft ist. Hierzu gehört, daß der Stahl seine Belastung durch die Berührungsflächen mit dem Beton an diesen weiterleiten kann, ohne daß die Verankerung der Stahlstäbe unter den Gebrauchslasten aufgehoben wird. Diese Verankerung geschieht durch den Gleitwiderstand der Stahlstäbe im Beton und nach bisheriger Gepflogenheit vor allem durch Haken an den Stabenden. Über die Größe des Gleitwiderstands ist ausführlich im Handbuch für Eisenbetonbau, 3. Auflage, Bd. 1, S. 115 f., sowie 4. Auflage, S. 54ff., berichtet; sie ist abhängig von der Stablänge, von der Zusammensetzung des Betons, vom Alter des Betons, von der

Behandlung desselben usf. Unter den üblichen Verhältnissen beträgt der Gleitwiderstand von Rundstählen etwa 10 bis 25 kg/cm².

Vorzüglich wird der Verbund zwischen den Stahleinlagen und dem Beton, wenn Querrippenstähle benutzt werden, d. h. Rundstähle mit aufgewalzten Querrippen.[1])

8. Widerstand des Zementmörtels und des Betons gegen Abnutzung[2])

Wichtig ist vor allem die Kornzusammensetzung des Mörtels; Mörtel nach Abb. 17 sind auch hier besonders gut. Im übrigen ist allgemein nach den Richtlinien zu verfahren, die S. 42 u.f. für die Druckfestigkeit gegeben sind.

Weiterhin ist die Verwendung von Gestein zu empfehlen, das hohen Widerstand gegen Abnutzung und Schlag bietet. Zusätze, die widerstandsfähiger sind als gute Hartgesteine, erhöhen den Abnutzungswiderstand des Betons, falls sie geeignete Korngrößen und Kornformen aufweisen.

Feuchter Beton wird rascher abgenutzt als trockener Beton; die Feuchtigkeit unterstützt das Abschleifen.

9. Schutz der Stahleinlagen gegen Rost[3])

Die Erfahrungen über den Schutz des Stahls im Beton stehen in ausreichender Übereinstimmung mit dem, was in den Bestimmungen des Deutschen Ausschusses für Stahlbeton gefordert ist, vor allem, daß unter gewöhnlichen Verhältnissen bei guter Bauausführung 2 cm Betondeckung für Bauwerke im Freien ausreichend sind. Liegen außerordentliche Verhältnisse vor, derart, daß mit dem Auftreten von Stoffen zu rechnen ist, die das Rosten des Stahls in mehr oder minder hohem Maße begünstigen, z. B. in Zinkhütten, in gewissen Fällen auch den Beton angreifen, z. B. an manchen Bauwerken der

[1]) Vgl. hierzu Graf, Über die Entwicklung der Betonstähle, Die Bauwirtschaft 1952, S. 613 u.f.

[2]) Vgl. Graf, Die Eigenschaften des Betons, S. 164 u.f.

[3]) Vgl. auch Handbuch für Eisenbeton, 3. Aufl., Bd. 1, S. 361f., 4. Aufl. Bd. 1, S. 230f.; ferner bei Mörsch, Der Eisenbetonbau, 6. Aufl., Bd. 1, S. 43f. außerdem Graf, in Die Bauwirtschaft 1952, S. 613 u.f.

Eisenbahn, so ist die Betondeckung größer zu wählen; wenn die Flächen bearbeitet werden sollen, ist für viel dickere Betondeckung zu sorgen. Unter Umständen muß durch Anstriche oder Schutztafeln besonderer Schutz angestrebt werden. Weiteres vgl. Bestimmungen A des Deutschen Ausschusses für Stahlbeton, § 14.

Entspricht der Beton nicht den Regeln guter Bauausführung, so ist auch in gewöhnlichen Hochbauten früher oder später mit Rostschäden zu rechnen.

10. Wetterbeständigkeit des Betons

Wetterbeständiger Beton muß vor allem wetterbeständige Zuschlagstoffe enthalten. Außerdem muß der Beton möglichst wasserdicht sein, damit Flüssigkeiten nicht oder nur unerheblich eindringen. Eingedrungenes Wasser kann durch Gefrieren und Auftauen Schaden bringen[1]). Der wetterbeständige Beton ist deshalb überall da nötig, wo der Beton im durchfeuchteten Zustand gefriert und auftaut; dazu genügt Beton der Güteklasse B 225, wenn dieser beim Beginn des Gefrierens und Auftauens eine Druckfestigkeit von mindestens 150 kg/cm² aufweist. Es ist möglich, Beton herzustellen, der eine beliebig lange Zeit in guter Beschaffenheit bleibt.

Salze, die im Winter zum Schmelzen von Schnee und Eis auf Gehwege und Straßen gestreut werden, greifen den Beton an, auch wenn dieser eine hohe Festigkeit besitzt. Durch Beigabe von Zusätzen, die ein begrenztes Volumen feiner Luftporen bilden, läßt sich die Gebrauchsdauer verlängern[2]).

11. Widerstandsfähigkeit des Betons gegen chemische Angriffe[3])

Der Einfluß der Bindemittel ist bereits unter III, 9, kurz erörtert. Noch wichtiger als die Wahl des Bindemittels ist in vielen Fällen der Aufbau, die Herstellung und die Behandlung

[1]) Ausführlich in Graf, Die Eigenschaften des Betons, S. 207 u. f.

[2]) Vgl. Walz, Straße und Autobahn 1 (1950) Heft 9, S. 1 u. f.

[3]) Vgl. Grün, Der Beton, 2. Aufl.; sowie Graf in Entwurf und Berechnung von Eisenbetonbauten, Bd. 1, S. 68f.; dann insbesondere Graf und Göbel, Schutz der Bauwerke; ferner Graf, Die Eigenschaften des Betons, S. 201 u. f.

Abb 34. Mörtel aus 1. Gewichtsteil Zement „P" und 3 Gewichtsteilen Rheinsand; gießfähig angemacht.
d) 1 Tag in feuchter Luft; *e*) 1 Tag in feuchter Luft, 6 Tage unter Wasser; *f*) 1 Tag in feuchter Luft, 21 Tage unter Wasser; *g*) 1 Tag in feuchter Luft, 6 Tage unter Wasser, 21 Tage an der Luft; dann in Magnesiumsulfatlösung

Die Würfel lagerten bis zu halber Höhe in Magnesiumsulfatlösung. Zustand im Alter von rund $20^1/_2$ Monaten

des Betons sowie die mechanische Festigkeit, welche der Beton den aus chemischen und mechanischen Vorgängen entspringenden Kräften entgegensetzt.

Den Lösungen, die einen Abbau des Bindemittels mehr oder weniger rasch bewirken können, muß der Zugang zum Bindemittel tunlichst verwehrt werden. Dazu gehört Beton mit möglichster Beschränkung der Hohlräume, den Richtlinien entsprechend, die unter IV, 1, dargelegt sind. Überdies ist fetter Beton widerstandsfähiger als magerer. Weiter ist die angreifende Flüssigkeit möglichst lange fernzuhalten, sei es, daß der Beton zunächst an der Luft erhärtet und erst nach längerer Erhärtungsdauer dem Angriff ausgesetzt wird (vgl. Abb. 34), oder sei es, daß der Beton mit Anstrichen versehen wird, die wenigstens eine gewisse Zeit den Zutritt zum Beton ganz oder im wesentlichen verhindern (z. B. Inertol gegen die Wässer der Gasfabriken, Kunstharz gegen Öle usf.). Sodann sind ruhende Flüssigkeiten weniger gefährlich als fließende, sich fortwährend erneuernde, oder gar solche, die mit mechanischer Abnutzung wirken (Wellenschlag) oder solche, die abwechselnd warm und kalt sind[1]).

12. Wärmedurchlässigkeit des Betons

Die Wärmeleitzahl des Betons ist von den Eigenschaften des Gesteins und des Zements, vom Zementgehalt, vom Feuchtigkeitsgehalt des Betons und auch von der Temperatur abhängig. Bei unseren Versuchen[2]) fand sich die Wärmeleitzahl λ bei 10° C für 10 cm dicke Platten aus scharf getrocknetem Beton zu 0,6 bis 1 kcal/mh° C, für Platten, die im Wasser lagen, zu 1 bis 1,2 kcal/mh° C. Dickere Platten lieferten größere Wärmeleitzahlen. Der Höchstwert betrug 2,05 kcal/mh° C. Vgl. auch unter 15, S. 74 u.f. (Leichtbeton).

13. Verhalten des Betons im Feuer

Für Bauwerke, die im Feuer möglichst widerstandsfähig sein sollen, ist erwünscht, daß die Festigkeit mit steigender

[1]) Vgl. auch Richtlinien für die Ausführung von Bauwerken aus Beton im Moor, in Moorwässern und ähnlich zusammengesetzten Wässern, herausgegeben vom Deutschen Ausschuß für Eisenbeton.

[2]) Vgl. Heft 74 des Deutschen Ausschusses für Eisenbeton, S. 15f.

Temperatur langsam abnimmt, und daß der Werkstoff im Feuer allmählich wachsende, nicht plötzliche Raumänderungen erfährt. Wenig geeignet als Zuschlagstoffe sind Quarzgesteine, besser ist Basalt; Hochofenschlacke gilt als gut, Ziegelbruch als besonders geeignet (vgl. auch unter II, 9).

Die Betondeckung der Eiseneinlagen sollte in feuergefährlichen Betrieben größer gewählt werden als in gewöhnlichen Bauten, besonders an der unteren Fläche der Stahlbetonbalken (rund 4 cm).

14. Widerstand des Betons gegen oftmalige Belastung[1])

Nach den bisher vorliegenden Beobachtungen kann die Druckbelastung der Säulen von 0 bis σ beliebig oft wiederholt werden, wenn σ weniger als das 0,6fache der Druckfestigkeit der Säulen beträgt. Bei Biegeversuchen sind ähnliche Verhältniszahlen ermittelt worden.

Die Dauerfestigkeit ist abhängig von der Zahl der auftretenden Lastwechsel; mit Abnahme der Dauer eines Lastwechsels wird die Dauerfestigkeit größer.

Treten zu den oftmals wiederkehrenden Lasten noch ruhende Lasten, so steigt das Verhältnis der Dauerfestigkeit zur Säulenfestigkeit.

Hier ist zu erinnern, daß der im Bauwesen viel benutzte Begriff „Sicherheit“, in der Regel gebraucht als Quotient einer Festigkeit bei einmaliger zur zulässigen Anstrengung, z. B. als Verhältnis der Druckfestigkeit des Betons zur zulässigen Druckspannung desselben, irreführend ist. Die wirkliche Sicherheit ist viel kleiner. Die zulässige Belastung ist begrenzt durch die Widerstandsfähigkeit des Baustoffes gegen langdauernde und gegen oftmalige Belastung, wie sie im Bauwerk vorkommt, und durch die Maßnahmen, die diese Widerstandsfähigkeit des Baustoffes ermöglichen[2]).

[1]) Bautechnik 1926, S. 494f.; ferner Dauerfestigkeit der Werkstoffe und der Konstruktionselemente, sowie Heft 76 des Deutschen Ausschusses für Eisenbeton, S. 1 bis 13, auch Die Eigenschaften des Betons, S. 125 und 126 sowie S. 157 und 158.

[2]) Vgl. auch Bauingenieur 1925, S. 931.

15. Leichtbeton[1])

Leichtbeton (Beton mit besonders geringem Gewicht) entsteht hauptsächlich

a) durch Verwendung leichter, poriger Zuschlagstoffe, wie Bims, schaumige Hochofenschlacke, Lavakrotze, Ziegelsplitt, Kesselschlacke usf.;

Abb. 35. Schüttbeton aus Trümmersplitt 15/30 mm mit 143 kg Zement/m³ γ = 1,39 kg/dm³, Wb_{28} = 49kg/cm²

b) durch Verwendung von Zuschlagstoffen aus begrenzten Korngruppen, z. B. 7/15, 7/12, 12/18, 15/30 mm, damit grobporiger Beton entsteht;

c) durch Verwendung von Zusatzstoffen, die den Beton beim Mischen schaumig machen (Schaumbeton) oder die beim Anmachen des Mörtels Gase entwickeln und damit einen porigen Mörtel hervorrufen (Gasbeton).

Der Leichtbeton nach a) wird im Hochbau viel verwendet, vor allem zu Bausteinen und Platten aus Bimsbeton für Wände und Dächer; er ist in trockenem Zustand ein schlechter Wärmeleiter[2]); die Festigkeit ist selbstverständlich mäßig,

[1]) Vgl. auch Graf, Die Eigenschaften des Betons, S. 26o u. f. und Die Baustoffe, 2. Auflage, S. 101 u. f.

[2]) Vgl. unter 12, S. 72.

aber so zu beherrschen, daß Leichtbausteine für tragende Wände zuverlässig hergestellt werden können. In erster Linie sei auf DIN 18152 (Vollsteine, ua. Schwemmsteine) u. DIN 18151 (Hohlblocksteine) verwiesen.

Der Beton nach b) ist vor allem als Schüttbeton nach DIN 4236 bekannt geworden. Abb. 35 zeigt das Gefüge von Schüttbeton aus Ziegelsplitt 15/30 mm, Abb. 36 dasjenige von Schüttbeton aus Moränekies 15/30 mm. Die erforderlichen Festigkeiten sind mit mäßigem Zementgehalt, bei Kiesbeton sogar mit sehr kleinem Zementgehalt erreichbar[1]). Die Wärmeleitfähigkeit des sachgemäß gefertigten Schüttbetons wird durch die Lufträume so beschränkt, daß mit Kiesbeton nach Abb. 36 Wanddicken von 30 cm genügen[1]).

Abb. 36. Schüttbeton aus Moränekies 15/30 mm mit 82 kg Zement/m³ $\gamma = 1{,}62$ kg/dm³, $Wb_{28} = 45$ kg/cm²

Der Schaum- und Gasbeton nach c) kann bei Rohwichten von 0,5 kg/dm³ mit Druckfestigkeiten von 25 kg/cm² verbürgt werden, bei 0,7 kg/dm³ mit mindestens 50 kg/cm², wenn ausgewählte Rohstoffe verwendet werden und die Härtung im gespannten Dampf erfolgt. Solcher Beton wird zu Isolierplatten, Bausteinen für Außenwände und stahlbewehrten Decken in steigendem Umfang benutzt[2]).

Der an der Luft erhärtete Leichtbeton aus leichten Zuschlagstoffen, noch mehr der an der Luft erhärtete Schaumbeton und Gasbeton haben den Nachteil, daß sie ein großes Schwindmaß haben und daß sie deshalb vor der Verwendung

[1]) Vgl. Fortschritte und Forschungen im Bauwesen, Reihe C, Heft 2.
[2]) Vgl. Graf, Gasbeton, Schaumbeton, Leichtkalkbeton, Stuttgart 1949.

lange Zeit trocken lagern müssen. Da diese Bedingung praktisch nur ausnahmsweise erfüllt werden kann, so ist — jedenfalls in Ländern mit kontinentalem Klima — die Verwendung von luftgehärtetem Schaum- und Gasbeton abzulehnen, wenn Rißbildung in Wänden und Decken vermieden werden soll. Wird der Leichtbeton jedoch unter Anwendung von gespanntem Dampf genügend lang gehärtet, so wird das spätere Schwinden bei geeigneter Zusammensetzung und Behandlung unerheblich oder gar negativ.

V. Kalk und Kalkmörtel

Nach DIN 1060 sind zu unterscheiden:

a) Kalke, die an der Luft erhärten, nämlich Weißkalke und Dolomitkalke, das sind Kalke, die mindestens 80% CaO enthalten,

b) Kalke, die auch unter Wasser erhärten, nämlich schwachhydraulische, hydraulische und hochhydraulische Kalke, das sind Kalke, die in der Regel mindestens 10 bzw. 15% lösliche saure Bestandteile (Fe_2O_3, Al_2O_3 und SiO_2) enthalten.

Die Luftkalke unter a) werden zu Außen- und Innenputzen, auch zu Mauermörteln verwendet, die Kalke unter b) zu Außenputzen und Mauermörteln. Die hydraulischen Kalke waren in früherer Zeit wichtige Baustoffe des Ingenieurbaus für Wehrbauten, Wasserleitungen, Wasserbehälter usf.

Die Kalke kommen in den Handel als Stückkalk (ungelöschter stückiger Branntkalk), als gemahlener Branntkalk (ungelöschter gemahlener Kalk), als Kalkbrei, Kalkteig (eingesumpfter Kalk) und als Kalkhydrat (pulverförmig gelöschter Kalk). Hydraulischer Kalk kommt stets pulverförmig gelöscht, teilweise gelöscht oder ungelöscht in den Handel.

Pulverförmig gelöschter Kalk (Kalkhydrat) darf zur Vermeidung der Klumpenbildung bis zu 10% ungelöschte Bestandteile enthalten. Diese Bedingung ist für die Verarbeitung sehr wichtig, weil solches Kalkhydrat vor dem Verarbeiten beim Anmachen des Mörtels rechtzeitig nachlöschen muß, wenn Mängel in Wandputzen vermieden werden sollen.

1. Verarbeitbarkeit

Der Bindemittelgehalt der Kalkmörtel wird oft mit Rücksicht auf die Verarbeitbarkeit der Mörtel bestimmt. Reine, gleichkörnige Sande erfordern mehr Kalk als lehmige, gemischtkörnige.

Kalkmörtel sind beim Verarbeiten im Vergleich mit Zementmörteln bei gleichem Mischungsverhältnis viel klebriger. Deshalb erfordert Kalkmörtel zur Erlangung eines an der Wand verarbeitbaren Putzmörtels oder eines zu flotter Arbeit geeigneten Mauermörtels weniger Bindemittel als Zementmörtel. Magere Zementmörtel werden durch Beigabe von Kalk verarbeitbar gemacht (verlängerte Zementmörtel).

Kalkmörtel halten das Mischwasser länger als Zementmörtel; Zementmörtel entmischen sich beim Stehen in Kübeln und besonders beim Befördern mehr als Kalkmörtel; trockene Mauersteine entziehen das Wasser dem Zementmörtel rascher als dem Kalkmörtel.

Diese Eigenschaften sind bei Kalken verschiedener Herkunft verschieden ausgeprägt[1]).

2. Druckfestigkeit. Zugfestigkeit. Biegezugfestigkeit

Kennzeichnende Beispiele finden sich in Zusammenstellung 6; drei Kalke wurden mit fünf verschiedenen Sanden mauergerecht zu Mörteln verarbeitet; die Mörtel unterschieden sich überdies durch den Kalkgehalt (Mischungsverhältnis in Gewichtsteilen 1:4, 1:7 und 1:10).

[1]) Vgl. u.a. Tonindustriezeitung 1935, S. 1137.

Zusammenstellung 6
Druckfestigkeit von Kalkmörteln verschiedener Zusammensetzung

4 Monate alte Proben; mit Weißkalk und Dolomitkalk trocken gelagert, mit hydraulischem Kalk nach 4 Wochen und 2 Monaten je 1 Tag im Wasser, sonst trocken gelagert

1	2	3	4	5
a) Druckfestigkeit in kg/cm² (Würfel mit 7 cm Kantenlänge)				
	Normenmörtel*	Mauergerecht angemachte Mörtel		
	1:3	1:4	1:7	1:10
	mit Normensand	mit Sand R (0 bis 7 mm)		
Weißkalk	27[1])	8,8	7,6	7,0
Dolomitkalk	22[1])	9,1	3,4	1,8
Hydraulischer Kalk	62[2])	26	16	13
	mit Normensand	mit Sand E (0 bis 7 mm)		
Weißkalk	27[1])	5,8	4,1	3,6
Dolomitkalk	22[1])	3,9	2,5	2,4
Hydraulischer Kalk	62[2])	6,2	3,9	2,7
b) Zugfestigkeit in kg/cm² (Zugkörper mit 5 cm² Querschnitt, Mörtel wie unter a)				
	mit Normensand	mit Sand R (0 bis 7 mm)		
Weißkalk	1,5[1])	4,4	3,0	2,2
Dolomitkalk	5,1[1])	2,6	1,5	0,8
Hydraulischer Kalk	6,4[2])	7,2	4,2	2,7

Diese Zahlenreihen zeigen recht eindringlich, daß die bisherige Normenprüfung zu einer anderen Beurteilung der Bindekraft der Kalke führen kann als die Prüfung von Körpern, die aus praktisch üblichen Mörteln (aus gemischtkörnigen Sanden, mauergerecht angemacht) hergestellt worden sind. Während sich die Druckfestigkeiten bei der Normenprüfung wie

*) Nach alter Norm (1935)

[1]) 28 Tage alte Proben an der Luft gelagert.

[2]) 28 Tage alte Proben, zunächst 7 Tage in feuchter Luft, dann trocken gelagert.

27 : 22 : 62 verhalten, zeigen die Mörtel mit Sand *E* bei der Mischung 1:4 die Zahlenreihe 5,8 : 3,9 : 6,2 usf.

Noch krasser sind die Abweichungen bei den Zugversuchen. Überdies sehen wir, daß sich der Einfluß des Kalkgehalts bei den drei Kalken sehr verschieden geltend machte. Mit Sand *R* und dem Weißkalk ging die Druckfestigkeit bei abnehmendem Kalkgehalt sehr langsam zurück; bei Verwendung des Dolomitkalks war der Rückgang größer.

Die Würfelfestigkeit der Mörtel dient zur Beurteilung der Eignung der Mörtel zum Mauerwerk. Dabei ist zu beachten, daß der Mörtel in dünnen Platten (Dicke gleich der Fugenhöhe im Mauerwerk) viel mehr trägt als in Würfeln[1]).

Die Zugfestigkeit der Mörtel wird ermittelt, wenn die Eignung der Mörtel zu Außen- oder Innenputzen geprüft werden soll. Hierzu gibt jedoch der Biegeversuch mehr Aufschluß[2]).

In der Neufassung von DIN 1060 (1952) wird dementsprechend — gemäß einem vom Verfasser oftmals gemachten Vorschlag — der Mörtel gewählt, der nach DIN 1164 für die Zementprüfung gilt.

Wichtig ist sodann die Kornzusammensetzung der Mörtel.

Zusammenstellung 7

Einfluß des Sands auf die Rohwichte und auf die Druckfestigkeit von Kalkmörtel

1	2	3	4
Zusammensetzung der Mörtel in Gewichtsteilen	Wassergehalt bei gleicher Steife des Mörtels %	Rohwichte im Alter von 28 Tagen g/cm³	Druckfestigkeit im Alter von 28 Tagen kg/cm²
1 Kalk Nz, 3 Sand E (0 bis 3 mm) ..	41,1	2,03	6
1 Kalk Nz, 3 Rheinsand (0 bis 1 mm)	37,5	2,05	9
1 Kalk Nz, 3 Rheinsand (0 bis 3 mm)	32,7	2,12	13
1 Kalk Nz, 0,6 Rheinsand (0,2 bis 1 mm), 2,4 Rheinsand (1 bis 3 mm)	28,7	2,15	17

[1]) Vgl. u. a. Bautenschutz 1934, S. 128.
[2]) Vgl. z. B. Bautenschutz 1934, S. 129ff.

Zusammenstellung 7 zeigt Beispiele aus Versuchen mit verschiedenen handelsüblichen Sanden und läßt erkennen, daß die Druckfestigkeit der Mörtel in hohem Maße veränderlich war. In Weißkalkmörteln hat die Kornzusammensetzung geringere Bedeutung für die Druck- und Zugfestigkeit, jedoch sind für die Verarbeitung und Erhärtung Sande zweckmäßig, die zähe Mörtel ergeben; gleichkörnige reine Sande liefern lockere Mörtel, die das Wasser leicht abgeben und in besonderem Maße schrumpfen.

Der Wassergehalt der Mörtel ist von bedeutendem Einfluß; mit zunehmendem Wassergehalt sinkt die Festigkeit rasch, wie Zusammenstellung 8 für Weißkalkmörtel dartut.

Zusammenstellung 8

Einfluß des Wasserzusatzes auf die Druckfestigkeit von Weißkalkmörtel

1	2	3	4	5	6
Zusammensetzung des Mörtels in Gewichtsteilen	Wasserzusatz		Druckfestigkeit kg/cm² nach		
	%	W	28 Tagen	4 Monaten	1 Jahr
1 Kalk N, 6 Beihinger Sand	10,0	0,70	15	11	16
	(erdfeucht)				
	11,4	0,80	8	6	9
	12,9	0,90	7	4	6
	14,6	1,02	4	3	4
	16,4	1,15	3	2	2
	(flüssig)				

Bei Steigerung des Wassergehalts von 10 auf 16,4% sank die Festigkeit von 16 auf 2 kg/cm².

Bei der Herstellung von sogenannten verlängerten Zementmörteln ist zu beachten, daß der Kalkzusatz die Festigkeit der Zementmörtel nur erhöht, wenn damit die Kornzusammensetzung der Mörtel im Sinne des zu Abb. 17 Gesagten verbessert wird. Zusammenstellung 9 enthält Beispiele[1]).

[1]) Vgl. auch Graf, Die Druckfestigkeit von Zementmörtel, Beton, Eisenbeton und Mauerwerk, S. 51f.

Zusammenstellung 9

Zementmörtel mit Kalkzusatz

1						2	3	4	5	6	7	8	9	10
Mischungsverhältnis						Wassergehalt	Von 100 g trockenem Mörtel fielen durch das Sieb mit				Rohwichte		Druckfestigkeit	
in Raumteilen			in Gewichtsteilen				0,2mm Maschenweite	1 mm	3 mm	7 mm	im Alter von		im Alter von	
								Lochdurchmesser			28 Tagen	6 Monaten	28 Tagen	6 Monaten
Zement	Kalk	Sand	Zement	Kalk	Sand	%	%	%	%	%	g/cm³	g/cm³	kg/cm²	kg/cm²
1	—	8	1	—	13,16	11,2	25,0	61,2	82,4	100	1,95	1,95	15	15
1	0,5	8	1	0,43	13,10	11,6	27,1	62,4	82,9	100	1,98	1,96	23	19
1	1	8	1	0,87	13,08	12,2	29,1	63,4	83,4	100	1,98	1,99	24	22
1	2	8	1	1,73	13,10	12,8	32,5	65,4	84,4	100	1,96	1,95	22	15
1	3	8	1	2,59	13,06	14,0	35,6	67,2	85,2	100	1,95	1,92	22	14

Der Kalkzusatz im Zementmörtel hat in der Regel nur den Zweck, den Zementmörtel mauergerecht, also schmeidig zu machen. Dementsprechend ist der Kalkzusatz zu beschränken.

Die Dehnzahl der Kalkmörtel ist sehr groß; für Weißkalkmörtel ist ihr Reziprokwert E etwa 5000 kg/cm² [1]).

Alle Proben, deren Ergebnisse im vorstehenden besprochen sind, lagerten beim Austrocknen in trockenen Arbeitsräumen.

Zur Beurteilung der Ergebnisse ist aufmerksam gemacht worden, daß die Mörtel durch Lagerung in feuchter Luft, die erhebliche Mengen Kohlendioxyd enthält, weit höhere Festigkeiten erlangen. Dies ist richtig[2]). Es kann aber unter praktischen Verhältnissen auf diesen Umstand keine Rücksicht genommen werden, weil die Fugenmörtel und die Putzmörtel, die mit Weißkalk oder schwach hydraulischen Kalk entstanden, auch im hohen Alter nur bescheidene Festigkeiten aufweisen. Die Luft dringt in die Mörtelschischten nur oberflächlich ein.

Zusammenstellung 10 zeigt dazu Zahlenreihen, welche das Gesagte unterstützen[3]).

[1]) Vgl. Graf, Versuche über die Druckelastizität und Druckfestigkeit von Mauerwerk, S. 36.

[2]) Vgl. u. a. Bautenschutz 1934, S. 139 und 140.

[3]) Vgl. auch Rodt, Tonindustriezeitung 1936, S. 97.

Zusammenstellung 10

Veränderlichkeit der Druckfestigkeit von Kalkmörtel mit steigendem Alter der Probekörper

1	2	3	4	5	6
Zusammensetzung des Mörtels	Lagerung	Steife des Mörtels beim Anmachen	Druckfestigkeit im Alter von		
			28 Tagen kg/cm²	4 Monaten kg/cm²	1 Jahr kg/cm²
1 l Kalkteig (Weißkalk), 3 l Rheinsand	2 Tage in feuchter Luft, dann trocken	etwas steifer als mauergerecht	6	8	9
	2 Tage in feuchter Luft, dann trocken	flüssig	4	7	7
1 kg hydraulischer Kalk, 4 kg Beihinger Sand	21 Tage in der Luft, dann im Wasser	mauergerecht	5	20	28
1 kg hydraulischer Kalk, 4 kg Beihinger Sand	dauernd in der Luft	mauergerecht	9	13	12

3. Schwinden und Quellen

Wenn Kalkbrei oder Kalkmörtel austrocknen und erstarren, so ist meist eine mehr oder minder ausgeprägte Raumverkleinerung zu beobachten. Die anfängliche Raumverminderung des Mörtels vor dem Erstarren, also des noch stark nachgiebigen Mörtels, nennt man Schrumpfen. Die Raumverminderung des erhärteten Mörtels durch Austrocknen wird als Schwinden bezeichnet. Wenn der frisch aufgebrachte Kalkmörtel durch Wind und Sonne rasch austrocknet, entstehen Schrumpfrisse. Wenn das Schwinden des erhärteten Mörtels behindert wird, entstehen Zugspannungen im Mörtel, unter ungünstigen Umständen Schwindrisse. Erhärtete lufttrockene Mörtel vergrößern bei Wasseraufnahme das Volumen, sie quellen.

Die Raumänderungen durch das Schrumpfen und durch das Schwinden sind bei den verschiedenen Kalken verschieden; sie sind auch abhängig von der Zusammensetzung des Mörtels, also insbesondere von der Kalkmenge und vom Wassergehalt, wobei das Verhältnis des Wassergehalts zum Kalkgehalt wesentlich ist; fette Mörtel schwinden mehr als magere; Mörtel, die viel Anmachwasser brauchen, schwinden mehr als solche mit weniger Anmachwasser. Darüber hinaus wissen wir, daß Schwindmaß und Quellmaß von den örtlichen Verhältnissen abhängen. Das Schwindmaß wird groß in trockenen Räumen, die im Winter geheizt werden; es bleibt viel kleiner für Mörtel, die der Witterung ausgesetzt sind; auch im Freien treten Unterschiede auf, weil die örtlichen Verhältnisse den Grad des Austrocknens der Kalkmörtel beeinflussen[1]).

4. Raumbeständigkeit

Wenn wir von Raumbeständigkeit sprechen, so handelt es sich nicht um die Raumänderungen, die unter Ziff. 3 bespro-

Abb. 37. Putz mit Kalk, der nicht genügend gelöscht war

[1]) Vgl. auch Tonindustriezeitung 1935, S. 1138 unad 1139.

chen wurden, sondern um zusätzliche Raumänderungen, die den Bestand der Kalkmörtel vorzeitig gefährden. Man wird dabei zwei Bedingungen unterscheiden müssen; die erste betrifft die Bereitstellung von Kalk, der genügend gelöscht ist,

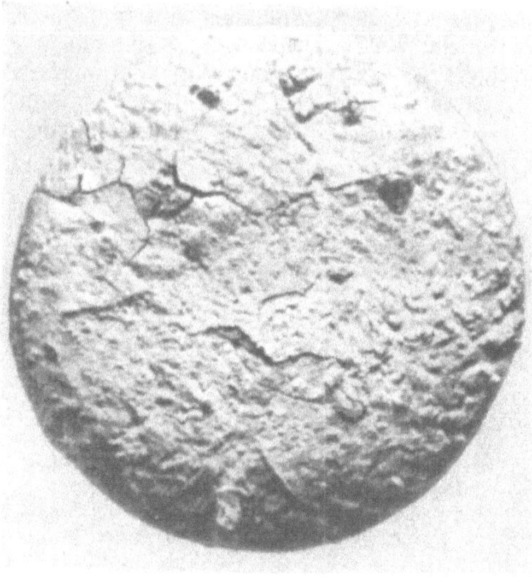

Abb. 38. Kuchen zur Feststellung des Löschzustandes von Kalk

damit Zerstörungen, wie sie in Abb. 37 zu sehen sind, nicht stattfinden. Eine solche Nachprüfung kann kurzfristig mit der Kuchenprobe erfolgen, weil man an dem Verhalten von Kuchen nach Abb. 38 erkennen kann, ob der Kalk gebrauchsfertig gelöscht ist; der Kuchen in Abb. 38 zeigt örtliche Zerstörungen durch Kalkteile, die nachträglich gelöscht worden sind.

Weiterhin kommt die Prüfung der Raumbeständigkeit in dem Sinne in Betracht, wie wir sie bei der Prüfung der Zemente verfolgen. Dabei will man erkennen, ob die Zusammensetzung der Kalke derart ist, daß im Laufe längerer Zeit Rißbildungen, Verkrümmungen und sonstige unzulässige Raumänderungen nicht eintreten. Zu einer solchen Prüfung sind bis jetzt ausreichende Vorschläge nicht gemacht worden. Wenn man der Auffassung ist, daß völlig gelöschte Kalke überhaupt raumbeständig sind, so kann man so verfahren, wie dies u. a. in England und in der Schweiz geschieht, d. h. man verzichtet bei Luftkalken und schwach hydraulischen Kalken auf die übliche Prüfung der Raumbeständigkeit und stellt lediglich den Löschzustand fest. Bei hydraulischen Kalken sollte wie bei den Normenzementen verfahren werden.

VI. Gips und Gipsmörtel

Der Gips wird durch teilweise oder vollständiges Austreiben des im natürlichen Gipsstein enthaltenen Kristallwassers gewonnen. Dabei entstehen Gipse, die nach dem Anmachen mit Wasser mehr oder minder rasch erhärten, dabei auch Mörtel verschiedener Festigkeit liefern.

Nach DIN 1168 werden für das Bauwesen folgende Gipssorten (Baugipse) unterschieden:

a) Stuckgips, durch Erhitzen auf verhältnismäßig niedere Temperaturen (etwa 120 bis 180°) teilweise entwässert, zu Stuck-, Form- und Rabitzarbeiten, zur Herstellung von Gipsbaukörpern, auch als Feinputz,

b) Putzgips, im allgemeinen bei höherer Temperatur als der Stuckgips hergestellt, meist zu Putzen verwendet,

c) Hartputzgips, zu Putzen, mit höherer Festigkeit als Stuck- und Putzgips,

d) Estrichgips, durch Erhitzen auf verhältnismäßig hohe Temperaturen (bei Rotglut) gewonnen und völlig entwässerter Gips, hauptsächlich zu Estricharbeiten,

e) Marmorgips (doppelt gebrannter, zwischen 2 Brennvorgängen in der Regel mit Alaun getränkter Gips), zum Verfugen von Wandplatten, zu Kunstmarmor usf.

Bei der Verwendung der Baugipse ist die Zeitdauer wichtig, in der die Verarbeitung des Gipses vorgenommen werden muß (Versteifungsende).

Weiterhin sind die Biegezugfestigkeit und Druckfestigkeit von Bedeutung. Die Normung der Eigenschaften der Baugipse und ihrer Prüfung ist im Gang und wird wahrscheinlich im Jahr 1953 abgeschlossen werden.

Der Anhydrit (wasserfreies Kalziumsulfat) wandelt sich nach feiner Mahlung und nach Beigabe von Anregern und Wasser allmählich zum Doppelhydrat des Gipses, das kristallisiert erhebliche Festigkeiten erlangt[1]).

VII. Magnesiamörtel

Wird gebrannter Magnesit (Magnesiumoxyd) mit einer Magnesiumchloridlösung angerührt, so erhärtet die Masse bei geeigneter Zusammensetzung bis zu sehr hohen Festigkeiten[2]).

Als Zuschlagstoffe werden sehr häufig Holzspäne und Holzmehl verwendet; damit entsteht das sogenannte Steinholz. Auch Sand kommt als Füllstoff in Betracht.

Der Magnesiamörtel ist hygroskopisch; er ist deshalb nur für lufttrockene Räume zu empfehlen. Der Mörtel oder besser gesagt, das überschüssige Magnesiumchlorid darf überdies nicht mit Eisen in Berührung konmen, da sonst rasch verlaufende Rostschäden möglich sind. Deshalb müssen Stahlbetondecken, die mit Steinholz bedeckt werden, aus dichtem Beton bestehen oder mit einem dichten Zementmörtel geschützt sein. Wasserleitungsrohre, Kabel u. dgl., die durch Steinholzböden geführt werden oder darunter liegen, sollen mit dichtem Zementmörtel oder mit bituminösen Stoffen so umkleidet sein, daß sie vom Steinholz nirgends berührt und beeinflußt werden.

Für die Prüfung und Abnahme von Magnesit und Magnesiumchlorid gilt DIN 273. Die Prüfung von Steinholz geschieht nach DIN 272.

Wegen der Ausführung von Steinholzböden vgl. die Technischen Vorschriften für Bauleistungen, aufgestellt vom

[1]) Weiteres in Graf, Die Baustoffe, 2. Auflage, S. 126 und 127, ferner in Fortschritte und Forschungen im Bauwesen, Reihe D, Heft 4.

[2]) Vgl. u. a. Deutsches Bauwesen 1928, S. 59; Graf, Die Baustoffe, 2. Auflage, S. 119 bis 121.

Reichsverdingungsausschuß, unter IIb, Estrich und Fliesenarbeiten, DIN 1965.

VIII. Latent hydraulische Stoffe
(Traß, Ziegelmehl, granulierte Hochofenschlacke)

Da hydraulische Bindemittel bei Einwirkung von Wasser chemische Wandlungen erfahren, so bietet die Natur keine fertigen Bindemittel. Doch gibt es natürliche Gesteine vulkanischen Ursprungs sowie künstliche Stoffe, die ein Erhärtungsvermögen enthalten, das nach Vermengung mit einem Anreger in Bewegung gesetzt wird. Ein solches latentes Erhärtungsvermögen wird bei der Verwendung von Traß[1]), Ziegelmehl und schnell gekühlter Hochofenschlacke nutzbar gemacht durch Vermengung dieser Stoffe mit Kalk sowie mit Zement.

Zusammenstellung 11

Kalk und Puzzolane als Bindemittel der Mörtel

1	2	3	4	5
Zusammensetzung des Mörtels in Gewichtsteilen	Druckfestigkeit kg/cm² (Rohwichte g/cm³) im Alter von			
	28 Tagen	6 Monaten	1 Jahr	2 Jahren
1 Ziegelmehl, 1,4 Weißkalk N, 1,5 Rheinsand	61 (2,06)	225 (2,03)	298 (2,04)	369 (2,05)
1 rhein. Traß, 1,4 Weißkalk N, 1,5 Rheinsand	104 (2,00)	199 (2,00)	223 (2,00)	263 (2,02)

Zusammenstellung 11 zeigt nach eigenen Versuchen, daß Mörtel aus Ziegelmehl oder aus Traß mit Weißkalk bedeutende Festigkeiten erlangen, allerdings weit langsamer als Zementmörtel erhärten, so daß ihre Verwendung in der heutigen Bautechnik nur selten in Frage kommt. Auch ist zu be-

[1]) Vgl. Graf, Versuche über den Einfluß von Traßmehl und anderen Steinmehlen im Zementmörtel und Beton, Heft 261 der Forschungsarbeiten auf dem Gebiete des Ingenieurwesens, 1922; ferner Der Aufbau des Mörtels und des Betons, 3. Aufl., S. 36ff.

achten, daß die Erhärtung dieser Mörtel in niederen Temperaturen weit mehr beeinträchtigt wird als die Erhärtung der Zementmörtel.

Bei der Herstellung von undurchlässigen Beton hat sich fein gemahlener Traß als Zusatz bewährt, sofern damit die Kornzusammensetzung des Betons verbessert wurde; der Zusatz bewirkt außerdem klebrige Beschaffenheit des Betons, was wertvoll ist[1]). Durch den Traßzusatz kann auch die Widerstandsfähigkeit von Zementmörtel und Beton gegen gewisse chemische Angriffe (z. B. Sulfate) erhöht werden, sofern mit dem Traß die Dichte des Betons gesteigert wird. Für die Prüfung von Traß gilt DIN 51043. Vgl. auch das unter III über Traßzement Gesagte.

Die Ausnutzung der hydraulischen Eigenschaften schnell gekühlter Hochofenschlacken ist durch die Herstellung von Hochofenzement und Eisenportlandzement technisch und wirtschaftlich sehr wertvoll geworden. Vgl. unter III.

Die Verwendung latenter Bindemittel hat besondere Bedeutung, wenn der Beton im gespannten Dampf gehärtet wird.

IX. Mauersteine und Mauerwerk[2])

Die Mauersteine werden vornehmlich angeboten

a) als Natursteine zu Quadermauerwerk oder zu Verblendmauerwerk (vgl. auch unter II),
b) als gebrannte Mauersteine nach DIN 105 (Mauerziegel[3])),
c) als Kalksandsteine nach DIN 106,
d) als Schwemmsteine nach DIN 18152
e) als Betonformsteine mit Bims, Ziegelsplitt, Lavakrotze, Schaumschlacke usf.[4]) nach DIN 18151.

Für die Mauersteine sind regelmäßige Abmessungen u. Formen zu fordern, derart, daß das Vermauern mit wenig Arbeit und möglichst geringem Mörtelaufwand erfolgen kann. Die Festigkeiten der Steine b) bis e) sind genormt, nach Güteklassen gestuft.

---

[1]) Vgl. Entwurf und Berechnung von Eisenbetonbauten, Bd. 1, S. 41.

[2]) Näheres in Graf, Die Druckfestigkeit von Zementmörtel, Beton, Eisenbeton und Mauerwerk, S. 70f., sowie in Graf, Versuche über die Druckelastizität und Druckfestigkeit von Mauerwerk.

[3]) Vgl. Graf, Die Baustoffe, 2. Auflage, S. 58 u. f.

[4]) Vgl. unter IV, S. 74 ff., sowie Graf, Die Baustoffe, 2. Auflage, S. 116 u. f.

Abb. 39. Hochlochziegel nach Gerold Pfister

1. Mauerziegel

Die Mauerziegel sind gebrannte Steine aus Lehm, Ton oder tonigen Massen, manchmal mit Zusätzen von Sand, getrocknetem Tonmehl, gebranntem Ton usf.

Lufttrockene, gebrannte Mauerziegel sollen nach DIN 105 bei 10 Versuchen die Eigenschaften aufweisen, die in Zusammenstellung 12 genannt sind. Beispiele für die im Hochbau besonders wichtigen Hoch-

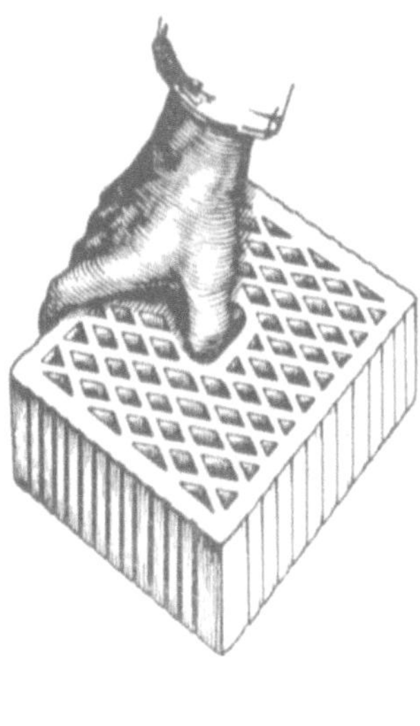

Abb. 40. Hochlochziegel nach Gerold Pfister

Zusammenstellung 12
Eigenschaften der Mauerziegel gemäß DIN 105

	1	2	3	4		6
	Bezeichnung und Kurzzeichen	Steinrohwichte		Druckfestigkeit		Frost-beständigkeit
		Mittelwert höchstens kg/dm³	größter Einzelwert kg/dm³	Mittelwert mindestens kg/cm²	kleinster Einzelwert kg/cm²	
1	Ziegelarten mit der Steinrohwichte 1,2 kg/dm³ (Mindest-Ziegelvolumen = 3000 cm³ = $1^1/_2$ NF = 2 DF)[1])					
1.1	Porenziegel PMz 1,2/60	**1,2**	1,3	**60**	50	nicht gefordert
1.2	Langlochziegel LLz 1,2/60	**1,2**	1,3	**60**	50	nicht gefordert
1.3	Hochlochziegel A oder B HLz A 1,2/100 HLz B 1,2/100	**1,2**	1,3	**100**	80	nicht gefordert
1.4	Hochlochziegel A oder B HLz A 1,2/150 HLz B 1,2/150	**1,2**	1,3	**150**[2])	120	nicht gefordert
2	Ziegelarten mit der Steinrohwichte 1,4 kg/dm³[1])					
2.1	Porenziegel PMz 1,4/100	**1,4**	1,5	**100**	80	nicht gefordert
2.2	Langlochziegel LLz 1,4/100	**1,4**	1,5	**100**	80	nicht gefordert
2.3	Hochlochziegel A oder B HLz A 1,4/100 HLz B 1,4/100	**1,4**	1,5	**100**	80	nicht gefordert
2.4	Hochlochziegel A oder B HLz A 1,4/150 HLz B 1,4/150	**1,4**	1,5	**150**[2])	120	nicht gefordert

2.5	Vormauer-Hochlochziegel VHLz 1,4/150	**1,4**	1,5	**150**	120	gefordert
3	Sonstige Ziegelarten[3])					
3.1	Hochlochklinker KHLz 350	**1,6**	1,7	**350**	300	gefordert
3.2	Vollziegel Mz 100	**1,8**	1,9	**100**	80	nicht gefordert
3.3	Vollziegel Mz 150	**1,8**	1,9	**150**[2])	120	nicht gefordert
3.4	Vormauerziegel VMz 150[3])	**1,8**	1,9	**150**	120	gefordert
3.5	Vormauerziegel VMz 250	**1,8**	1,9	**250**	200	gefordert
3.6	Hochbauklinker KMz 350	Mittelwert mindestens **1,8**	kleinster Einzelwert 1,8	**350**	300	gefordert

[1]) Nach DIN 4108 sind in den einzelnen Wärmedämmgebieten den Ziegelarten folgende Außenwand-Mindestdicken zugeordnet (Maße in mm):

Wärmedämm-gebiet	Ziegel mit Steinrohwichte 1,2 kg/dm³	Ziegel mit Steinrohwichte 1,4 kg/dm³	sonstige Ziegelarten (außer Hochbauklinker)
I	240	240	300
II	240	300	365
III	300	365	365

[2]) Für die Ziegel unter 1.4, 2.4 und 3.3 ist eine Kennzeichnung gefordert, damit sie von den gleichgroßen Ziegeln der vorhergehenden Nummer wegen der höheren Druckfestigkeit eindeutig gekennzeichnet sind. Mit dem Kennzeichen wird die Gewährleistung für die höhere Druckfestigkeit übernommen.

[3]) Handelsübliche Benennung: Hartbrandziegel.

lochziegel zeigten Abb. 39 und 40 (von Architekt Gerold Pfister).

DIN 105 begrenzt ferner die Maße der Mauerziegel, auch ihre Wasseraufnahmefähigkeit.

2. Kalksandsteine

Kalksandsteine sind Mauersteine, die aus Quarzsand und gebranntem Kalk nach innigem Mischen in Formen gepreßt, dann unter Dampfdruck erhärtet sind.

Nach DIN 106 müssen lufttrockene Kalksandsteine bei 10 Versuchen eine Druckfestigkeit von mindestens 150 kg/cm^2 aufweisen; die Einzelwerte dürfen nicht unter 120 kg/cm^2 liegen. Die Prüfung auf Druckfestigkeit geschieht wie bei den Mauerziegeln.

DIN 106 enthält ferner Forderungen über Abmessungen der Steine, über ihre Wasseraufnahmefähigkeit und über ihre Frostbeständigkeit.

3. Schwemmsteine

Schwemmsteine sind leichte, porige Mauersteine, die aus Bimskies und hydraulischen Bindemitteln hergestellt sind.

DIN 18152 enthält die Bedingungen, welche in bezug auf die Abmessungen, Druckfestigkeit, Gewicht, Frostbeständigkeit und Wärmeleitfähigkeit einzuhalten sind.

Hüttenschwemmsteine nach DIN 18152 werden mit geschäumter Hochofenschlacke gefertigt.

DIN 18152 fordert die Güteklassen V 25 und V 50 mit mittleren Mindestfestigkeiten von 25 und 50 kg/m^2, wobei die Einzelwerte mindestens 20 und 40 kg/m^2 erreichen müssen.

4. Betonformsteine

Hier handelt es sich vor allem um Hohlblocksteine nach Bild 41a und 41b aus Beton mit Bims oder Ziegelsplitt oder Kesselschlacke oder Hochofenschlacke oder auch gewöhnlichen Kiessanden oder gebrochenem Gestein. Wesentlich ist die Zahl der hintereinandergeschalteten Hohlräume, weil diese bei mittelschwerem und schwerem Beton den Wärmedurchgang entscheidend hemmen müssen. Die Maßhaltigkeit und das Gewicht sind für die Güte der Steine und für die Leistung der Maurer wichtig. Weiteres in DIN 18151.

Abb. 41a. Hohlblockstein aus Ziegelsplittbeton

5. Druckfestigkeit des Mauerwerks

Zusammenstellung 13 enthält Beispiele aus Versuchen mit Mauerwerk aus Betonsteinen mit 215 kg/cm² Druckfestigkeit und 4 Mörteln, deren Würfelfestigkeit zwischen 13 und 105 kg/cm² lag. Aus dem Angaben der Spalten 2 und 3 erhellt, daß mit Zunahme der Mörtelfestigkeit die Druckfestigkeit der Mauerkörper von 62 auf 150 kg/cm² gestiegen ist. Bei Verwendung verschiedener Mauersteine wird unter sonst gleichen Verhältnissen die Druckfestigkeit des Mauerwerks mit größerer Steinfestigkeit höher ermittelt.

Abb. 41b. Hohlblockstein mit dreistufiger Luftdämmung

Mit Zunahme der Fugenhöhe nimmt die Widerstandsfähigkeit des Mauerwerks ab. Durch unregelmäßige Fugenhöhe wird die Druckfestigkeit des Mauerwerks in besonderem Maße beeinträchtigt, weshalb regelmäßige Gestalt und genaue Einhaltung der Maße der Mauersteine wichtig ist.

Mauerpfeiler mit größeren Querschnitten liefern geringere Druckfestigkeit als kleinere.

Zusammenstellung 13

Versuche mit Mauerwerk

3 Monate alte Mauerpfeiler. Betonmauersteine mit durchschnittlich 215 kg/cm² Druckfestigkeit. Fugenhöhe durchschnittlich 1,2 cm

1	2	3	4	5
Zusammensetzung des Mörtels in Raumteilen	Druckfestigkeit des Mörtels (Würfelfestigkeit) kg/cm²	Druckfestigkeit der Mauerpfeiler kg/cm²	Elastizitätsmodul bei rund 9 kg/cm² Druckbelastung aus den gesamten Zusammendrückungen	aus den federnden Zusammendrückungen
1 Kalk, 3 Sand ...	13	62	27600	61500
0,5 Portlandzement, 0,5 Kalk, 6 Sand	19	88	56100	104600
1 Portlandzement, 6 Sand	36	95	84200	126600
1 Portlandzement, 2 Kalk, 8 Sand .	49	114	95400	131600
1 Portlandzement, 3 Sand	105	150	155400	168200

Die Beziehungen zwischen Steinfestigkeit, Mörtelfestigkeit und Mauerwerksfestigkeit sind — für Mauerwerk aus künstlichen Mauersteinen, mit regelmäßiger Fugenhöhe von rd. 1 cm und mit gutem Verband — in der Gleichung,

$$K_m = \frac{k_s\left(4 + \frac{1}{10}\,k_m\right)}{16 + 3\,\frac{h}{b}} + e \text{ kg/cm}^2,$$

zusammengefaßt, worin K_m die Mauerfestigkeit, k_s die Steinfestigkeit, k_m die Mörtelfestigkeit, h die Mauerhöhe und b die Mauerdicke darstellt.

Zusammenstellung 14

Mauerdicke 38 cm; Höhe zu kleinster Querschnittsabmessung

$$\frac{h}{b} = 7; \quad e = 10 \text{ kg/cm}^2.$$

1	2	3	4
Steinfestigkeit	Mit der Mörtelfestigkeit k_m =		
k_s	5	20	40 kg/cm²
(Mauersteine)	(Kalkmörtel)	(verlängerter Zementmörtel)	(Zementmörtel)
	Mauerwerksfestigkeit K_m =		
25 kg/cm²	13[3]	—	
50 kg/cm²	16[4]	18[7]	21[10]
100 kg/cm²	22[6]	26[9]	32[12]
150 kg/cm²	28[8]	34[12]	42[16]
250 kg/cm²	40[10]	51[16]	64[22]
350 kg/cm²		67[22]	86[30]

Die zulässige Belastung ist in [] beigefügt.

Die Zusammenstellung 14 enthält unter Benutzung dieser Gleichung die Mauerwerksfestigkeiten, die unter verschiedenen Verhältnissen zu erwarten sind[1]).

In Klammern sind die zulässigen Belastungen angegeben. Das Verhältnis der Mauerwerksfestigkeit zur zulässigen Belastung beträgt hiernach bei den Steinen kleiner Festigkeit bis zu 4, bei hochwertigem Mauerwerk noch etwa 3. In bezug auf die Höhe der Verhältniszahl ist zu beachten, daß sie unvermeidliche Zusatzspannungen durch rechnerisch nicht berücksichtigte, exzentrische Belastungen, auch Mängel der Ausführung usf. zu decken hat; ferner ist zu

[1]) Nach neueren Untersuchungen führt die Seite 94 angegebene Gleichung bei Mauerwerk mit Zementmörtel oft auf Rechnungswerte, die erheblich höher als die Versuchswerte sind. Hierzu wird in der Schriftenreihe „Fortschritte und Forschungen im Bauwesen“ Reihe D, Heft 8 ausführlich berichtet.

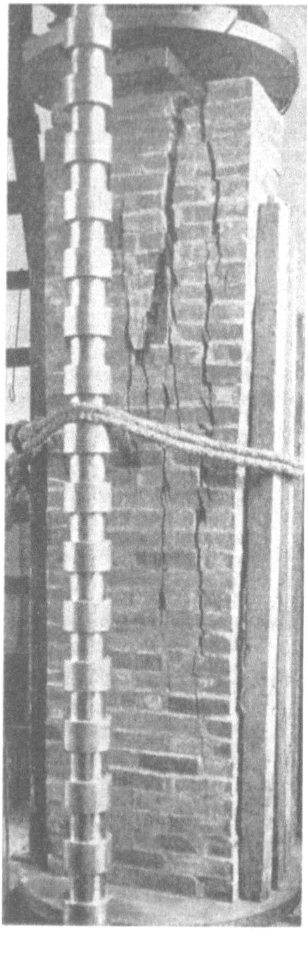

Abb. 42. Mauerpfeiler, der auf der oberen Fläche nur teilweise belastet war

beachten, daß die Widerstandsfähigkeit gegen dauernde Belastung kleiner ist als beim einmalig durchgeführten Versuch. Die in Zusammenstellung 14 eingeführte Größe $e = 10$ kg/cm^2 gilt für gut ausgeführtes Mauerwerk. Weist das Mauerwerk Ausführungsmängel auf, so muß e kleiner, unter Umständen negativ eingeführt werden.

Bei Pfeilern, die die Last durch Auflagerplatten aufnehmen, nimmt das Mauerwerk, das außerhalb der Druckplatte liegt, nur in untergeordnetem Maß an der Kraftübertragung teil[1]), wie auch Abb. 42 (oben) erkennen läßt. Dabei ist ferner zu beachten, daß die Kraftverteilung unter der Druckplatte in hohem Maße von der Dicke der Druckplatte abhängt[2]).

Mauerwerk aus Natursteinen wird mit 2 bis 3 cm hohen Fugen hergestellt, wenn die Fugenfüllung unter großen Quadern gleichmäßig werden soll. Wenn der Mörtel hohe Festigkeit aufweist,

[1]) Vgl. Bautechnik 1926, S. 229f.
[2]) Vgl. Heft 232 der Forschungsarbeiten auf dem Gebiete des Ingenieurwesens, S. 30f.

tritt der Einfluß der Mörtelfestigkeit auf die Mauerwerksfestigkeit zurück[1]).

6. Druckelastizität des Mauerwerks

Hier ist zunächst zu beachten, daß die Dehnungszahlen der Mörtel in weiten Grenzen liegen. Dementsprechend war die Elastizität der Mauerpfeiler in hohem Grade vom Mörtel abhängig, wie Zusammenstellung 13 erkennen läßt.

Im ganzen gingen die Dehnungszahlen der gesamten Zusammendrückungen bei den bisher in Stuttgart ausgeführten Versuchen unter zulässigen Lasten herab bis E = rund 6000 kg/cm^2 bei Verwendung von Kalkmörtel, mit Zementmörtel herauf bis rund 160000 kg/cm^2. Diese Zahlen fanden sich an Beton- und Ziegelmauerwerk mit 1 bis 1,2 cm Fugenhöhe. Bei größeren Fugenhöhen ist mit größeren Dehnungszahlen zu rechnen.

Über Versuche mit Mauerwerk aus Formsteinen vgl. Bautechnik 1926, S. 255, ferner Fortschritte und Forschungen im Bauwesen, Reihe D, Heft 8.

7. Schwinden und Quellen der Mauersteine

Die Natursteine schwinden und quellen bei Abgabe und Aufnahme von Wasser so wenig, daß die Raumänderungen der Natursteine durch Abgabe oder Aufnahme von Wasser in der Regel unbeachtet bleiben. Bei gebrannten Mauersteinen ist das Schwinden und Quellen, namentlich bei Steinen geringer Festigkeit, größer. Beispielsweise fanden wir bei süddeutschen Mauerziegeln ein Aufquellen bis zu 0,19 mm/m.

Für Mauersteine aus Beton gilt das unter IV, 5, Gesagte.

8. Über den Schutz des Mauerwerks gegen Feuer

Wenn Mauerwerk hohen Temperaturen ausgesetzt wird, so ist damit zu rechnen, daß die Tragfähigkeit bei Tempe-

[1]) Vgl. Gaber, Versuche mit hochwertigem Mauerwerk im Heft 1 der Versuchsanstalt für Stein, Holz und Eisen, Karlsruhe 1934; ferner Graf, Die Baustoffe, 2. Auflage, S. 54.

raturen über 300° erheblich sinkt[1]). Schäden entstehen besonders beim Ablöschen durch das Abschrecken der heißen Steine. Mauerwerk mit Putzschichten wird dementsprechend wesentlich widerstandsfähiger, weil die Erwärmung und die Abkühlung durch die Putzschichten gehemmt wird. Vor dem Aufbringen der Putzmörtel sind die Fugen auszukratzen[2]).

X. Dachziegel

Die Dachziegel werden in mannigfaltiger Beschaffenheit und Art erzeugt. Dabei sind zwei verschiedene Herstellungsarten üblich, nämlich

a) Strangziegel, vom geraden ebenen Tonstrang als ebene Ziegel mit Nase (Biberschwänze), in ähnlicher Fertigung als Strangfalzziegel und

b) Preßziegel (aus Tonstücken gepreßte Falzziegel, Falzpfannen usw.).

Die Ziegel sollen regelmäßige Gestalt und Abmessungen aufweisen, derart, daß in den Fugen ein genügender Schluß des Dachs stattfindet. Es ist nicht nötig, bei manchen Ziegeln sogar unzweckmäßig, daß die Ziegel scharf geschlossen aufliegen; durch die Lücken, welche bei üblicher Beschaffenheit der Dachziegel entstehen, muß eine so weitgehende Lüftung der Dachräume möglich sein, daß Kondenswasser, auch das Wasser, welches durch die Ziegel tritt, bald von der strömenden Luft weggetragen wird.

Die Ziegel müssen wegen ihrer Besanpruchung beim Transport und beim Begehen des Dachs eine gewisse Tragfähigkeit aufweisen, vgl. DIN 456 und 52250. Dort sind auch die Bedingungen für die Wasserundurchlässigkeit der Ziegel und für ihre Frostbeständigkeit angegeben.

Bei Beurteilung der Durchlässigkeit der Ziegel ist u. a. zu beachten, daß die seit Jahrhunderten bewährten süddeutschen Ziegel anfänglich eine erhebliche Durchlässigkeit aufweisen; sie vermindert sich im Laufe der Zeit wesentlich[3]).

---

[1]) Vgl. Diss. Busch, Technische Hochschule, Stuttgart 1936.

[2]) Weiteres u. a. bei Menzel, Proceedings American Concrete Institute, 1933, Vol. 29, S. 113ff. (Versuche mit Mauerwerk aus Beton).

[3]) Graf, Bautenschutz 1935, S. 46ff.

Abb. 43. Dachziegel. Die Nase ist im Laufe der Zeit kleiner geworden. Auch neben der Nase ist der Ziegel angegriffen

Umstritten ist, welche Mengen bestimmter wasserlöslicher Salze in den Ziegeln sein dürfen, weil die im Laufe der Zeit austretenden Salze zusammen mit Stoffen, die aus der Luft auf den Ziegeln ablagern und mit dem Regenwasser eindringen, durch Auskristallisieren Schäden hervorrufen können. Abb. 43 zeigt solche Schäden an einem Ziegel, der rund 30 Jahre auf einem Stuttgarter Dach lag.

XI. Stahl, Stahlguß, Grauguß[1])

Im Hochbau und Tiefbau werden als technisches Eisen verwendet:

a) schmiedbares Eisen als Flußstahl und Stahlguß;

b) Grauguß (Gußeisen).

[1]) Als Nachschlagebuch zu umfassender Betrachtung sei das „Werkstoffhandbuch Stahl und Eisen", Verlag Stahleisen, empfohlen. Vgl. ferner Graf, Die Baustoffe, 2. Auflage, S. 128 u. f.

Die für das Bauwesen wichtigen Sorten sind im folgenden genannt und ihre Eigenschaften besprochen.

A. Flußstahl (allgemein „Stahl" genannt)

Im Bauwesen werden vorzugsweise benutzt:

a) Stahl St 00.12[1]), sogenannte Handelsgüte, nach DIN 1612, wobei nur verlangt wird, daß der Stahl um einen Dorn vom 4fachen Stahldurchmesser ($D = 4d$) kalt oder warm bis zum rechten Winkel gebogen werden kann und daß die Zugfestigkeit des Stahls höchstens 50 kg/mm² beträgt;

b) Handelsbaustahl nach DIN 1050, $D = 2d$, Falten bis 180°[2]), also formbarer als St 00.12, Zugfestigkeit 34 bis 50 kg/mm²; beim Zugversuch soll mindestens 18% Dehnung bis zum Bruch (Bruchdehnung)[3]) nachgewiesen werden; vorzugsweise zum Stahlhochbau verwendet;

c) St 37.12 nach DIN 1612, Normalgüte, $D = 0{,}5d$, Zugfestigkeit 37 bis 45 kg/mm², beim Zugversuch noch etwas dehnbarer und regelmäßiger als der Handelsbaustahl; beim Brückenbau und gleichwertigen Bauwerken üblich;

d) Nietstahl St 34.13 nach DIN 1613, $D = 0$, Zugfestigkeit 34 bis 42 kg/mm², mit besonders großer Bruchdehnung; sehr bildsamer Stahl, weil er beim Schlagen der Niete warm und kalt hohe Verformungen ertragen muß;

e) Schraubenstahl St 38.13 nach DIN 1613, etwa wie St 37.12;

f) Baustahl St 52 nach Lieferbedingungen der deutschen Bundesbahn, mit bestimmter Fließgrenze abhängig von den Abmessungen der Stahlteile (mindestens $\sigma_s = 34$ kg/mm²) und mit Zugfestigkeiten von 52 bis 62 kg/mm², Bruchdehnungen mindestens 16 bis 20%, letztere beide Eigenschaften abhängig von den Abmessungen der Stahlteile, die Bruchdehnung auch von der Lage im

---

[1]) Die Zahl 12 verweist auf die Norm 1612.

[2]) Alle weiteren Angaben zur Faltprobe gelten für 180°, sofern nichts anderes bemerkt ist.

[3]) Beim Rundstab bezogen auf die Länge 10 d.

Stahlstück (längs oder quer zur Walzrichtung); geeignet für Tragwerke, die hauptsächlich ruhende Lasten aufnehmen, wie Brücken mit großer Spannweite; Tragfähigkeit entsprechend der höheren Fließgrenze gegenüber St 37.12 gesteigert;

g) Nietstahl St 44 nach Lieferbedingungen der deutschen Bundesbahn, $D = d$, Zugfestigkeit 44 bis 52 kg/mm², Bruchdehnung mindestens 23%, Nietstahl zu Bauwerken aus St 52;

h) gewöhnliche Bleche St 00.21 und 00.22 nach DIN 1621 und 1622 ohne Gewährsleistung, im allgemeinen dem St 00.12 entsprechend;

i) Baublech I St 37.21 nach DIN 1621, etwa wie St 37.12. In allen Fällen ist anzugeben, ob der Stahl zu genieteten oder geschweißten Konstruktionen verwendet werden soll. Dabei sind die chemische Zusammensetzung und die Herstellungsbedingungen des Stahls wesentlich; zu geschweißten Tragwerken kommt in der Regel nur Handelsbaustahl, St 37.12, St 37.21 und St 52, letzterer mit besonderen Bedingungen, in Betracht.
Im Stahlbeton werden gebraucht:

k) Betonstahl I nach DIN 1045, $D = 2d$, Fließgrenze mindestens 22 kg/mm², Zugfestigkeit 34 bis 50 kg/mm², Bruchdehnung mindestens 18%, als Rundstahl;

l) Betonstahl II nach DIN 1045, $D = 2d$, Fließgrenze mindestens 34 kg/mm², Zugfestigkeit 50 bis 64 kg/mm², Bruchdehnung mindestens 18%, als naturharter Rundstahl oder Formstahl;

m) Sonderstahl II nach DIN 1045, $D = 2d$, Fließgrenze mindestens 34 kg/mm², Zugfestigkeit mindestens 50 kg/mm², Bruchdehnung mindestens 14%, als kaltgereckter Rundstahl oder als kaltgereckter Formstahl;

n) Betonstahl III nach DIN 1045, $D = 2d$, Fließgrenze mindestens 40 kg/mm², Zugfestigkeit mindestens 50 kg/mm², Bruchdehnung mindestens 18%, als naturharter Rundstahl oder Formstahl;

o) Sonderbetonstahl III nach DIN 1045, $D = 2d$ Fließgrenze und Zugfestigkeit wie bei Betonstahl III, Bruchdehnung mindestens 8%, als kaltgereckter Betonformstahl;

p) Betonstahl IV nach DIN 1045, $D = 2d$, Fließgrenze mindestens 50 kg/mm², Zugfestigkeit nicht begrenzt, Bruchdehnung mindestens 16%, als naturharter Rundstahl oder Formstahl;

q) Sonderbetonstahl IV nach DIN 1045, $D = 2d$ (sofern Haken angebracht werden), Fließgrenze wie bei Betonstahl IV, Bruchdehnung mindestens 8%, als kaltgereckter Betonstahl, z. B. als Baustahlgewebe mit verschweißten Knotenpunkten;

r) Betonstahl für Stahlbeton mit vorgespannter Bewehrung, Fließgrenze bis etwa 150 kg/mm², Bruchdehnung über 2%, als kaltgereckte Drähte mit besonders hoher Fließgrenze oder als vergütete Walzdrähte von besonderer Zusammensetzung mit Fließgrenzen über 60 kg/mm². Die Bedingungen für den Vorspannstahl werden z. Zt. bearbeitet.

Die Eigenschaften der Stähle für Schienen, Schwellen, Zahnradstangen, Tragseile[1]) zum Bahnbau sind vorzugsweise in den Vorschriften der Deutschen Bundesbahn, sodann in DIN 1631 (Vignolschienen), 1632 (Stahlschwellen), schließlich in jeweils vereinbarten Lieferbedingungen niedergelegt.

Für die Schweißdrähte des gesamten Bauwesens gilt DIN, 1913.

Die Stahlsorten werden in mannigfaltigen Formen und Abmessungen nach Maßnormen geliefert. Man unterscheidet dabei nach DIN 1612 Formstahl (I- und ⊏-Stahl mit 80 mm Höhe und mehr, Breitflanschträger, Belagstahl), Stabstahl (I- und ⊏-Stahl unter 80 mm Höhe, Z-Stahl, Winkelstahl, ⊥-Stahl, Rundstahl, Quadratstahl, Sechskantstahl, Halb-

[1]) Über die Eigenschaften von Drähten zu Seilen für Hängebrücken, vgl. Graf und Brenner, Bautechnik 1941, S. 410f.

rundstahl usw., ferner Flachstahl von 12 bis 150 mm Breite und 5 mm Dicke und mehr), und Breitflachstahl von mehr als 150 mm Breite und mindestens 3 mm Dicke.

Eine Zusammenfassung der Maßnormen und der zugehörigen Bestimmungen findet sich in dem Buch „Stahl im Hochbau", ferner im Stahlbauhandbuch.

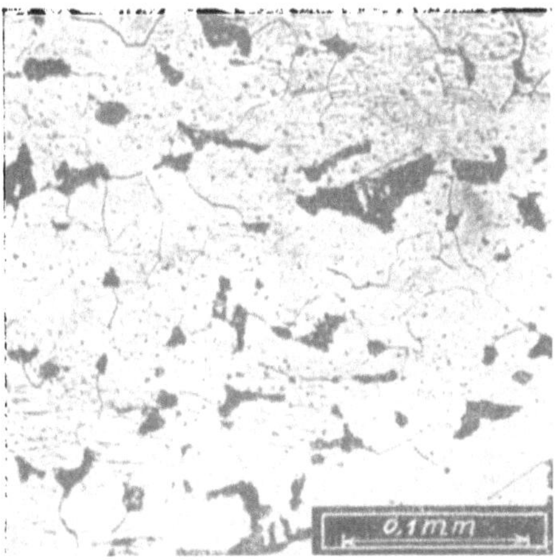

Abb. 44. Gefüge von langsam abgekühltem Stahl mit rd. 0,1% Kohlenstoff

1. Zusammensetzung und Gefüge des Stahls

Das technische Eisen ist kein reines Eisen, sondern eine Legierung aus den Elementen Eisen und Kohlenstoff, meist mit Mangan, Silizium, Phosphor, Schwefel und Kupfer, seltener Chrom, Nickel, Molybdän usf. Bedeutsam ist der Gehalt an Stickstoff und Sauerstoff. Die wichtigste Beimengung ist der Kohlenstoff. Die Streckgrenze und die Zugfestigkeit des Flußstahls wachsen mit Zunahme des Kohlenstoffgehalts, bis etwa 0,9 v. H. Kohlenstoff erreicht sind; die Verformbarkeit nimmt mit wachsendem Kohlenstoffgehalt ab. Eisen mit hohem Kohlenstoffgehalt ist deshalb beim Richten, Biegen‘ Hämmern usf. sorgfältiger zu behandeln als gewöhnliches Eisen mit wenig Kohlenstoff.

Wie alle Metalle kristallisiert das Eisen, und zwar im regulären System. Die dabei auftretenden Kristalle zerfallen bei langsamer Abkühlung, wobei die Zerfalltemperatur und die

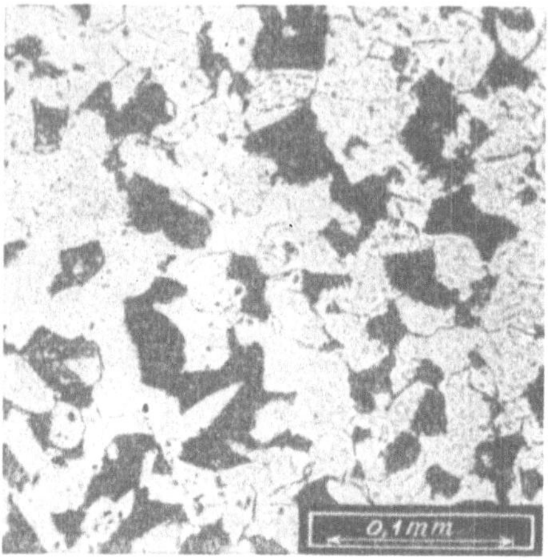

Abb. 45. Gefüge von langsam abgekühltem Stahl mit rd. 0,3% Kohlenstoff

dabei auftretenden Phasen von der chemischen Zusammensetzung des Eisens abhängig sind, beim handelsüblichen schmiedbaren Eisen in erster Linie vom Kohlenstoffgehalt.

Das Gefüge ist außerdem abhängig von der Wärmebehandlung, die das Eisen bis zu einer endgültigen Gestaltung erfahren hat, sowie von der Art der Verarbeitung; es läßt auch mechanische Überanstrengungen erkennen. Durch Beobachtung des Gefüges lassen sich demnach Aufschlüsse über die vorausgegangene sachgemäße oder unsachgemäße Behandlung des Eisens gewinnen, was für die Klarstellung von Schadenfällen wichtig ist.

Die Betrachtung des Gefüges geschieht an ebenen, sorgfältig bearbeiteten, geschliffenen und polierten und in der Regel geätzten Flächen.

Die Körner des Eisens können wir auf den vorbereiteten Proben in gewissen Fällen (z. B. im überhitzten Stahl) mit bloßem Auge wahrnehmen; bei gut behandeltem Eisen sind die Körner aber so klein, daß das unbewaffnete Auge die Korngrenzen nicht mehr erkennt. Es sind dann mehr oder minder starke Vergrößerungen nötig.

Abb. 44 zeigt das Gefüge von langsam abgekühltem Stahl mit etwa 0,1% Kohlenstoff (Zugfestigkeit rd. 35 kg/mm²); Abb. 45 gehört zu langsam abgekühltem Eisen mit etwa 0,3% Kohlenstoff (σ_{zB} = 52 kg/mm²). Die hellen Körner sind kohlenstoffrei und bestehen im wesentlichen aus reinem Eisen (deshalb Ferrit genannt); die dunklen Stellen zeigen unter stärkerer Vergrößerung das in Abb. 46 ersichtliche streifige Aussehen; daran läßt sich erkennen, daß die dunklen Flecken der Abb. 44 und 45 (Perlit genannt) aus härteren und weicheren Schichten zusammengesetzt sind; die härteren Streifen erweisen sich als Eisenkarbid, die im weicheren Ferrit eingebettet sind. Die dunklen Flecken der Abb. 44 und 45 enthalten somit in den harten Eisenkarbidplättchen den Kohlenstoff; der Anteil der Eisenkarbidplättchen an den dunklen Flächen ist stets der gleiche, weshalb die dunklen Inseln stets den gleichen Kohlenstoffgehalt haben (etwa 0,9%). Durch Feststellung des Anteils der dunklen Flecken im Gefügebild wird demnach ein gewisser Aufschluß über den Kohlenstoffgehalt des betreffenden Eisens gewonnen.

Die Gefügebilder Abb. 44 und 45 treten nur nach langsamer Abkühlung auf. Die Lösung, die der flüssige Stahl und der feste Stahl bei Temperaturen über etwa 900° C darstellt, ist im langsam abgekühlten Stahl nicht mehr vorhanden. Die Mischkristalle sind verfallen.

Erfolgt die Abkühlung durch plötzliches Abschrecken des Stahls im Wasser, so wird die Wandlung der Kristallite mehr oder minder verhindert. Geschieht das Abschrecken bevor die

Umwandlung der festen Lösung begonnen hat, so wird die feste Lösung, die nur bei hohen Temperaturen bestehen möchte, bei Zimmertemperatur festgehalten. Wir haben dann im plötzlich abgekühlten Stahl nicht den Werkstoff mit fleckenweise verteiltem Kohlenstoff, sondern mit gleichmäßig verteiltem Kohlenstoff. Abb. 47 zeigt das Gefüge von Stahl

Abb. 46. Perlitinsel im Gefüge des Stahls

mit 0,2% Kohlenstoff nach plötzlichem Abkühlen von etwa 900° C. In diesem Zustand weist der Stahl weit höhere Streckgrenze und Zugfestigkeit, allerdings auch weit geringere Verformbarkeit auf als langsam abgekühlter Stahl gleicher chemischer Zusammensetzung; man nennt solchen Stahl „gehärtet". Die Härtung kann mit allen im Baubetrieb verwendeten Stählen ausgeführt werden. Die Härtungsfähigkeit wächst mit dem Kohlenstoffgehalt.

Die Wirkung des Abschreckens ist selbstverständlich an der Oberfläche am schärfsten und nimmt nach innen zu ab, was praktisch von erheblicher Bedeutung ist.

Durch Wiedererwärmen des gehärteten Stahls auf Temperaturen, die im Umwandlungsgebiet liegen, kann ein teilweiser

Verfall der festen Lösung bewirkt werden; damit geht die Festigkeit zurück, die Schmeidigkeit des Materials wächst dabei rasch. Durch Erwärmung auf Temperaturen über der Umwandlungstemperatur und langsames Abkühlen wird der

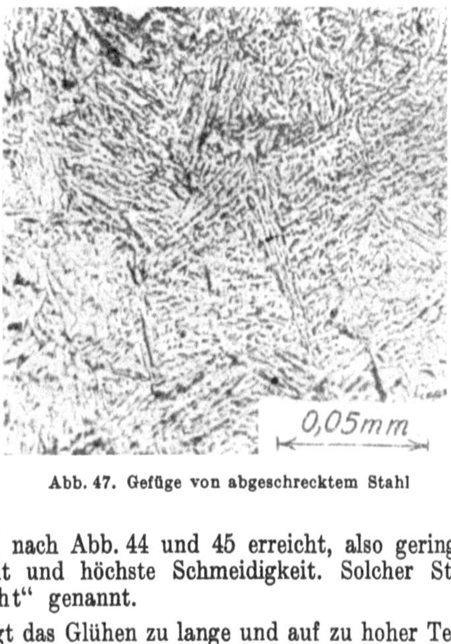

Abb. 47. Gefüge von abgeschrecktem Stahl

Zustand nach Abb. 44 und 45 erreicht, also geringste Zugfestigkeit und höchste Schmeidigkeit. Solcher Stahl wird „geglüht" genannt.

Erfolgt das Glühen zu lange und auf zu hoher Temperatur (Überhitzen), so bildet sich grobes Korn; das grobe Korn ist nicht erwünscht, weil es die Eigenschaften des Stahls herabsetzt. Durch sachgemäße Behandlung kann feineres Korn wieder hervorgerufen werden.

Im „verbrannten" Eisen — bei zu hoher Temperatur erhitzt — haben sich an den Korngrenzen Oxydationsschichten gebildet, die durch Glühen nicht mehr entfernt werden können, weshalb verbranntes Eisen dauernd geschädigt ist.

2. Elastizität, Fließgrenze, Zugfestigkeit Bruchdehnung und Querschnittsverminderung des Stahls beim Zugversuch

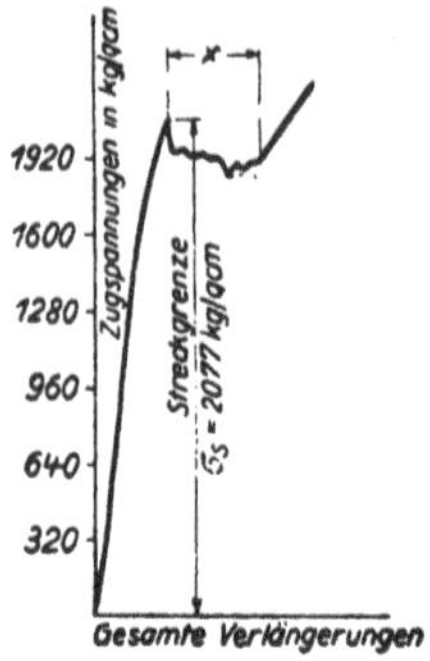

Abb. 48

Die Beurteilung der Verwendbarkeit des Stahls geschieht in erster Linie nach seinem Verhalten bei Zugbeanspruchung; dabei ist zunächst der Elastizitätsmodul *E*, dann hauptsächlich die Fließgrenze (Streckgrenze), weniger die Zugfestigkeit zu beachten.

Abb. 48 und 49. Gesamte Verlängerungen eines Stahlstabs beim Zugversuch

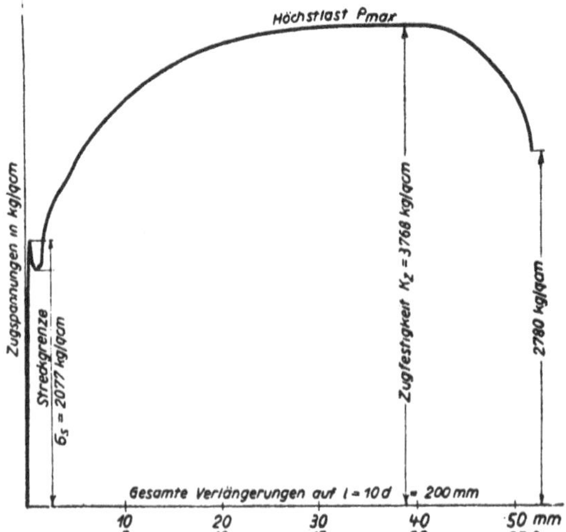

Abb. 49

Der Elastizitätsmodul wird in der Regel aus den federnden Formänderungen ermittelt. Der Elastizitätsmodul der Federung beträgt für Baustahl, sowohl für den gewöhnlichen Handelsstahl als auch für Baustahl mit höherer Festigkeit mit unerheblichen Abweichungen E = rund 2 100 000 kg/cm².

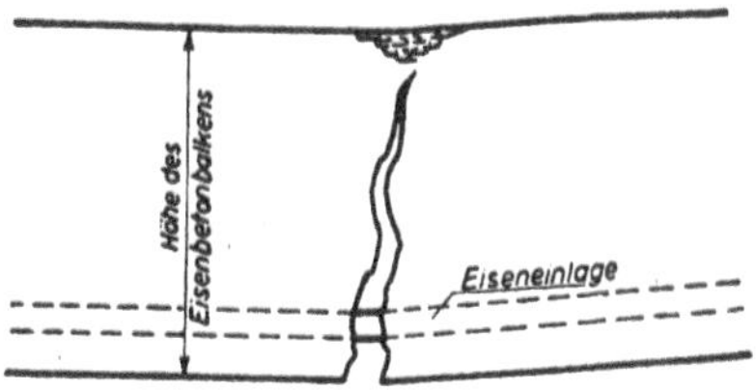

Abb. 50. Bruchriß eines Stahlbetonbalkens. Die Zerstörung wurde durch Überschreiten der Streckgrenze des Stahls in der Zugzone eingeleitet

Besonders wichtig ist die Fließgrenze (Streckgrenze) des Stahls, d. i. die Last, mit der erhebliche bleibende Formänderungen des Stahls auftreten, vgl. Abb. 48 und 49.

Wenn die Streckgrenze der Bewehrung der Zugzone von Stahlbetonbalken überschritten wird, erfährt das Eisen eine bedeutende Verlängerung (x in Abb. 48); dabei öffnen sich die Risse in der Zugzone der Balken bedeutend, vgl. Abb. 50. Über den klaffenden Rissen wird der Beton allmählich zerdrückt[1]). Damit ist die Widerstandsfähigkeit des Balkens erschöpft.

Wird in der Zugzone eines Stahlträgers die Streckgrenze überschritten, so entstehen meist so große Einsenkungen, daß der Träger als Deckenträger, als Fahrbahnträger u. dgl. nicht mehr brauchbar ist[2]).

[1]) Vgl. Handbuch für Eisenbetonbau, 4. Aufl., Bd. 1, S. 84ff.

[2]) Abweichungen sind mit Stählen möglich, die nach Überschreitung der Fließgrenze bis zur erheblich höheren Zugfestigkeit eine kleine Dehnung aufweisen (kaltverformte Stähle zu Baustahlgewebe).

Die Zugfestigkeit muß erheblich höher sein als die Streckgrenze, damit die Zerstörung nach Überschreiten der Streckgrenze langsam erfolgt. Daß die Zugbelastung des Stahls noch weit über die Streckgrenze gesteigert werden kann, zeigt Abb. 49.gültig für St 37. Diese Eigenschaft, sowie die Dehnung und die Querschnittsverminderung bis zum Bruch des Materials bedingen vor allem die Geeignetheit des Materials zur Verarbeitung durch Biegen usf.[1]).

Reicht die Stahlprobe zu Zugversuchen nicht aus oder ist eingebautes Material zu prüfen, so kommt der Kugeldruckversuch oder der Kugelfallversuch oder der Kugelschlagverversuch in Betracht. Zwischen der Größe der Oberfläche des Kugeleindrucks, der unter gewissen Verhältnissen hervorgerufen wird, und der Zugfestigkeit des Flußstahls bestehen bestimmte Beziehungen. Vgl. DIN 50351.

3. Elastizität und Fließgrenze des Stahls bei Druckbeanspruchung

Was unter Ziffer 2 über die Elastizität und die Streckgrenze des Flußstahls bei Zugbeanspruchung gesagt wurde, gilt sinngemäß auch bei Druckbeanspruchung. Die Höhe der Fließgrenze des Baustahls (bei Druck Quetschgrenze genannt) findet sich beim Druckversuch und Zugversuch nicht wesentlich verschieden. Hervorzuheben ist hier jedoch, daß bei Druckbeanspruchung eine Erhöhung der Belastung über die Fließgrenze hinaus nur bei sehr kurzen Körpern möglich ist. Deshalb muß die Beanspruchung der üblichen Druckglieder bestimmt unter der Fließgrenze bleiben. Wird in einer Stahlstütze die Fließgrenze erreicht, so ist auch die Höchstlast erreicht.

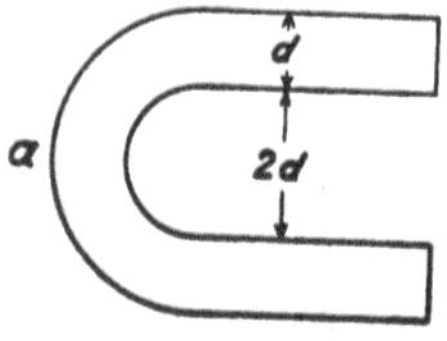

Abb. 51. Faltversuch mit Betonstahl

[1]) Wird ein runder Stab zur Schleife nach Abb. 51 gebogen, so kann dies nur unter Überschreitung der Fließgrenze und mit großer Reckung an der Zugseite bzw. Quetschung an der Druckseite geschehen.

4. Biegeversuch mit Stahl. Einfluß von Rostnarben und Kerben

Die Bestimmungen für die Ausführung von Bauten aus Stahlbeton verlangen, daß der Stahl gemäß Abb. 51 gebogen werden kann, ohne daß bei *a* Risse entstehen. Dieser Versuch muß bestanden werden, wenn beim Biegen der Eisen auf der Baustelle Mängel vermieden werden sollen.

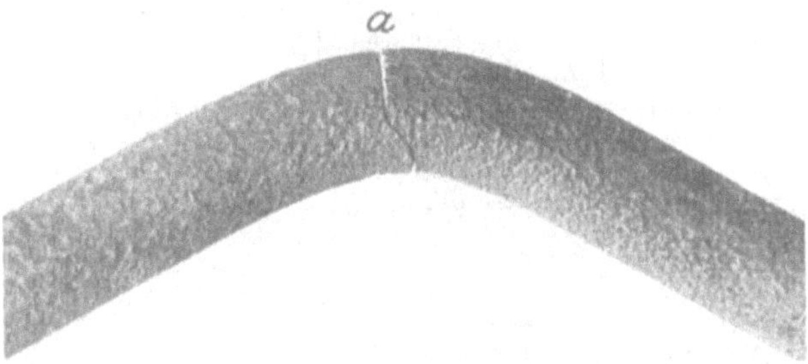

Abb 52. Biegeversuch mit stark angerostetem Rundstahl

Bei Eisen mit großen Rostnarben ist Vorsicht geboten, da scharf ausgeprägte Rostnarben den Widerstand gegen Biegung vermindern (vgl. Abb. 52); erforderlichenfalls muß solcher Stahl hellrotglühend gebogen werden. Ferner dürfen beim Biegen Marken durch Meißelhiebe und dergleichen nicht angebracht werden, da Einkerbungen den Widerstand gegen Biegung bedeutend verringern. In gleicher Weise wirken Falten, die beim Biegen an der inneren Seite der Haken entstehen, wenn die Haken wieder zurückgebogen werden.

5. Widerstandsfähigkeit des Stahls bei hoher und bei niederer Temperatur

Zahlreiche Versuche zeigen, daß die Fließgrenze des Baustahls bei Erwärmung über 200° C abnimmt und bereits bei 400° C nur noch etwa die Hälfte des Wertes betragen kann, der bei Zimmertemperatur auftritt. Da schon kleine Schadenfeuer örtliche Erwärmung stählener Bauteile auf über 500° C bringen können, außerdem bekannt ist, daß die Fließgrenze des gewöhnlichen Stahls bei 500° C unter der üblichen zulässigen Anstrengung liegt, so erhellt die große Bedeutung des Schutzes eiserner Bauteile gegen hohe Temperatur. Die bisherigen Beobachtungen führen zu der Forderung, daß das Eisen im Stahlbeton 3 cm oder mehr Deckung aus geeignetem Beton haben muß, wenn Brandschäden mit besonderer Aufmerksamkeit zu begegnen ist.

Unter niederer Temperatur (Frost) kann erhebliche Abminderung der Widerstandsfähigkeit gegen Schlagbeanspruchung auftreten, namentlich bei fehlerhaft behandeltem Stahl.

Kalt bearbeiteter (bei Zimmertemperatur gebogener oder gequetschter) Stahl kann durch Ablagern, auch durch Erwärmen auf 100 bis 400° C große Sprödigkeit erlangen (Altern des Stahls). Die Anfälligkeit läßt sich an Faltproben feststellen, die nach dem Biegen einige Stunden in kochendem Wasser lagern und später zurückgebogen werden.

6. Dauerfestigkeit des Stahls

Was bisher gesagt ist, trifft den einfachen Zerreißversuch und die Beanspruchung des Stahls unter allmählich steigender Belastung. Die dabei gewonnenen Feststellungen gelten, wie wir aus Versuch und Erfahrung wissen, für die Beurteilung der Widerstandsfähigkeit unter ruhender Belastung. Dieser Belastungsfall ist jedoch selten, weil in der Regel zu den ruhenden Lasten noch oftmals wiederkehrende Lasten hinzutreten (z. B. bei Fahrzeugen, Brücken usf.) oder weil überhaupt nur oftmals wiederkehrende Lasten wirken (z. B. Gestänge von Pressen usf.). Wenn die Widerstandsfähigkeit unter oftmals wiederkehrenden Lasten beurteilt werden soll, so kann dies nach dem Verhalten des Werkstoffs beim gewöhnlichen Zerreißversuch nicht geschehen, wie Abb. 53 angibt. Die in diesem Bild dargestellten zwei Stäbe stammen vom gleichen Werkstoff, entnommen aus einer Stange.

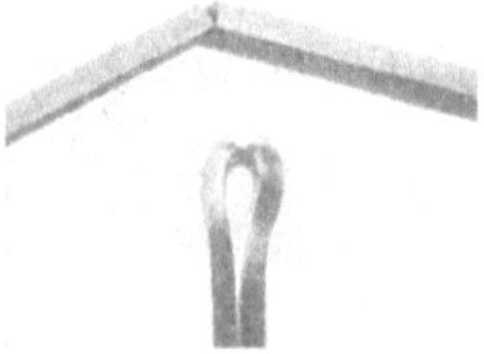

Abb. 53. Stahlstab, oben nach oftmals wiederholter Biegebelastung, unten nach dem Faltversuch

Der untere Stab ist durch allmähliche Belastung langsam verbogen worden; er ließ sich vollständig falten. Der obere Stab wurde oftmals wiederkehrender Last unterworfen, und zwar bei Anstrengungen, die weit unterhalb denen lagen, die zum ersten Stab gehörten. Nach einiger Zeit ist der Körper gebrochen, ohne daß in der Nähe der Rißflächen bleibende Verformungen zu erkennen waren, wie das Bild zeigt

Aus dem zuletzt Gesagten geht hervor, daß das Verhalten der Werkstoffe beim Bruch wesentlich von der Art der Belastung abhängt. Das gewählte Beispiel, das bei Biegebeanspruchung gewonnen wurde, ist überdies allgemein kennzeichnend, weil das Verhalten bei Zugbelastung, bei Biege- und Torsions- sowie bei kombinierten Beanspruchungen ähnlich ist. Abb. 54 zeigt ein Beispiel von Zugversuchen.

Zerreißversuch Dauerzugversuch

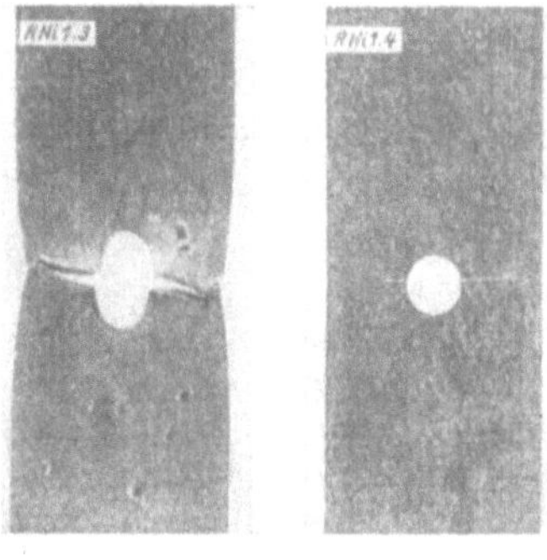

Abb. 54. Zugversuche mit gelochten Stahlstäben
Zugfestigkeit des links abgebildeten Stabs 54 kg/mm², Schwellfestigkeit des rechts abgebildeten Stabs 24 kg/mm²

Im Einklang mit dieser äußeren Feststellung steht die weitere Beobachtung, daß die Festigkeiten, die bei ruhender Belastung maßgebend sind, und die Festigkeiten, die bei oftmals wiederkehrender Last entscheidend werden, sehr verschieden groß sind, demnach jede für sich ermittelt werden muß, vgl. die Zahlen unter Abb. 54. Dabei ist weiter wichtig, daß diese Festigkeiten bei Stahl kombiniert werden können der-

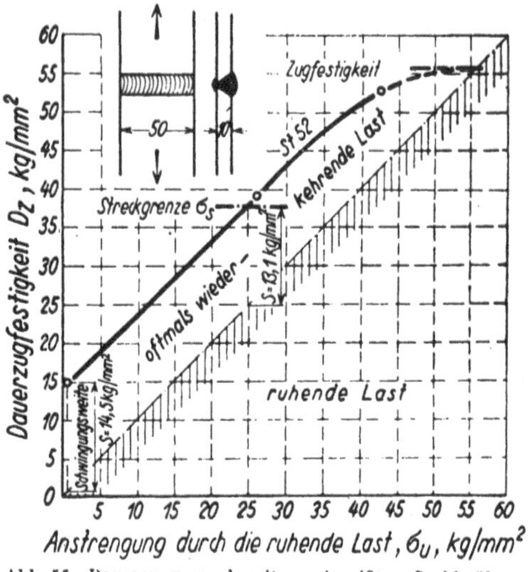

Abb. 55. Dauerzugversuch mit geschweißten Stahlstäben

art, daß innerhalb weiter Grenzen zu den ruhenden Belastungen jeweils der Widerstand gegen oftmals wiederkehrende Lasten hinzutreten kann, ohne daß sich der Widerstand gegen oftmals wiederkehrende Lasten entscheidend ändert, wie das in Abb. 55, gültig für eine Stumpfschweißung, zu erkennen ist. Man hat also die zulässige Anstrengung sowohl für ruhende Last als auch für bewegte Lasten getrennt zu wählen, und man kann außerdem diese zulässigen Lasten zusammensetzen derart, daß die Summe einen gewissen Grenzwert nicht überschreitet. Dieser Grenzwert liegt naturgemäß nahe der Streckgrenze des Werkstoffs.

Für die Anwendung dieser Feststellungen ist wichtig, daß abweichend vom Verhalten beim gewöhnlichen Zerreißversuch das Bauglied mit Bohrungen und anderen Querschnittsänderungen besonders zu beurteilen ist; die Widerstandsfähigkeit gegen oftmals wiederkehrende Lasten ist u. a. beim Stab mit Bohrungen weit kleiner als beim Stab ohne Bohrungen.

Die Spannung am Lochrand bleibt, wenn sie durch oftmals wiederkehrende Lasten hervorgerufen wird, hier stets größer als die mittlere Anstrengung. Die Folge ist, daß unter oftmals wiederkehrenden Lasten Bauglieder mit Bohrungen weit kleinere Festigkeiten liefern als ohne Bohrungen[1]). Dieser Einfluß der Veränderlichkeit der Querschnitte, der zu den beschriebenen Spannungsschwellen an den Übergängen führt, ist um so bedeutender, je schärfer der Übergang ist; er wird geringer, je allmählicher der Übergang sich vollzieht. Er ist überdies bei Stählen höherer Festigkeit im allgemeinen mehr ausgeprägt. St 52 mit Walzhaut und Bohrungen liefert nur wenig höheren Widerstand gegen oftmalige Belastung als St 37[1]).

7. Schweißen. Verschmelzen. Abschmelzen

In der Regel unterscheidet man

a) Preßschweißung (Hammerschweißung, elektrische Widerstandsschweißung als Stumpf-, Punkt- und Nahtschweißung, Thermit-Preßschweißung);

b) Schmelzschweißung (Gasschmelzschweißung, Lichtbogenschweißung, Thermit-Gießschweißung).

Beim Preßschweißen werden zwei vorgearbeitete Flächen derart vereinigt, daß die zu den Verbindungsflächen gehörigen Stab- oder Blechenden im Schmiedefeuer oder in der Wassergasflamme oder durch niedergespannten elektrischen Strom bis zum Teigigwerden erhitzt, dann durch Handarbeit

[1]) Vgl. Versuche im Stahlbau, Heft B 5, Verlag Julius Springer, Berlin 1935.

mit Druck und Schlag oder durch Maschinen mit Druck allein vereinigt werden.

Gelangen in die Verbindungsstelle Oxyde, Schlacken und andere nichtmetallische Stoffe, so wird die Verbindung durch solche Einflüsse mehr oder minder unterbrochen. Gute Hand-

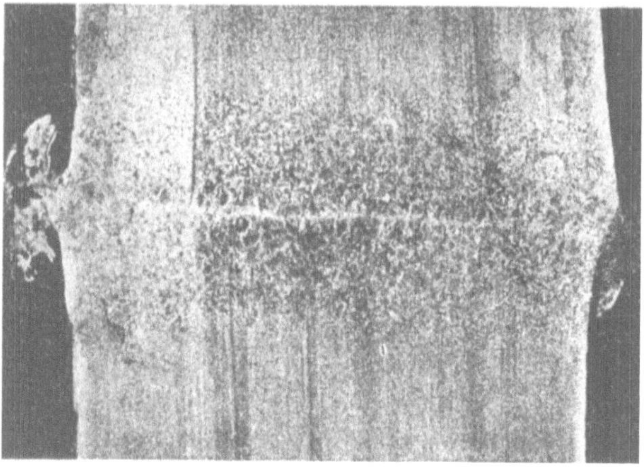

Abb. 56. Längsschnitt durch eine Stumpfschweißung (Rundstahl)

schweißungen sind nur von erfahrenen, geübten und gewissenhaften Handwerkern zu erwarten. Im Baubetrieb ist für Handschweißungen vorauszusetzen, daß die Schweißstelle nur selten fehlerfrei wird.

Gute Ergebnisse werden mit der Abbrennstumpfschweißung unter Erhitzen durch niedergespannten elektrischen Strom erzielt[1]). Die Anwendung beschränkt sich im

[1]) Rüsch in Fortschritte und Forschungen im Bauwesen, Reihe A, Heft 5, S. 23; Zeyen und Lohmann, Schweißen der Eisenwerkstoffe, Schimpke und Horn, Praktisches Handbuch der gesamten Schweißtechnik; 2. Bd., 3. Aufl., S. 46.

Bauwesen auf Stücke mit gedrungenen Querschnitten (Rundeisen, Quadrateisen, Schienen usw. mit Querschnitten bis etwa 250 cm² und mehr). Beim Erhitzen wird der Stahl an den Stirnflächen der Stäbe flüssig. Beim Zusammenstoßen der Stabenden tritt flüssiger Stahl als sogenannter Schweißbart aus (vgl. Abb. 56). Dieser muß am ganzen Umfang der Schweißstelle auftreten. Fehlt der Schweißbart irgendwo, so ist ein örtlicher Fehler möglich.

Die Punktschweißung wird zum Verbinden von Blechen und Flacheisen für Baubeschläge, Apparate usw. benutzt. Dicke der Bleche insgesamt bis rund 15 mm. Der Stromdurchgang geschieht senkrecht zur Blechebene mit Elektroden, die auch zum Pressen des örtlich erhitzten Stahls benutzt werden.

Die Nahtschweißung ist eine fortlaufende Punktschweißung.

Die Thermit-Preßschweißung ist ein Sonderverfahren für Schienenschweißung. Die Erhitzung der Schweißstelle geschieht mit heftig oxydierendem Aluminium.

Beim Schmelzschweißen wird die Lücke zwischen zwei vorgearbeiteten Flächen (Stumpfnaht) oder die Kehle von aneinanderliegenden Stücken (Flankenkehlnähte, Stirnkehlnähte) durch Einschmelzen von Zusatzwerkstoff geschlossen. Wichtig ist, im besonderen bei Stumpfnähten, daß alle Verbindungen im Schmelzfluß geschehen und daß die Schmelzflächen von Oxyden, Öl usw. tunlichst frei gehalten werden, damit die metallische Verbindung ohne Hindernis zustande kommt.

Über die zweckmäßige Zurichtung der Schweißlücke vgl. u. a. DIN 4100 (Schweißen im Hochbau), DIN 4101 (geschweißte Straßenbrücken), sowie die Vorschriften der Deutschen Bundesbahn für geschweißte Eisenbahnbrücken.

Das Schmelzen geschieht entweder mit einer Gasflamme (vorzugsweise unter Verwendung von Acetylen und Sauerstoff)[1]) oder mit dem elektrischen Lichtbogen (Spannung

[1]) Schimpke und Horn, Praktisches Handbuch der gesamten Schweißtechnik, 3. Auflage; sowie Meller, Elektrische Lichtbogenschweißung schließlich Klöppel und Stieler, Schweißtechnik im Stahlbau.

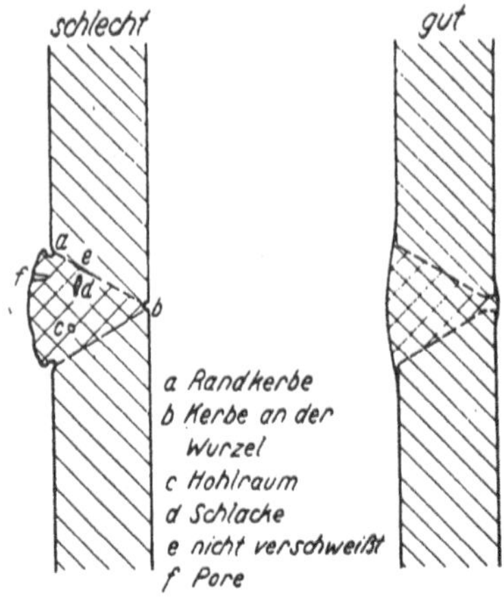

Abb. 57. Schlechte und gute Stumpfnaht

im Lichtbogen 20 bis 30 Volt, Stromstärke bei Handschweißungen 30 bis 400 Ampere, bei automatischen und halbautomatischen Verfahren oftmals bedeutend mehr.)

Bei Schweißverbindungen, die oftmals wiederkehrenden Lasten ausgesetzt sind, hat die Gestalt und die innere Beschaffenheit der Verbindung große Bedeutung. Es ist vor allem zu sorgen, daß die Spannungsschwellen, die durch Querschnittsänderungen oder durch Fehler in der Verschmelzung entstehen, klein werden oder überhaupt vermieden werden[1])

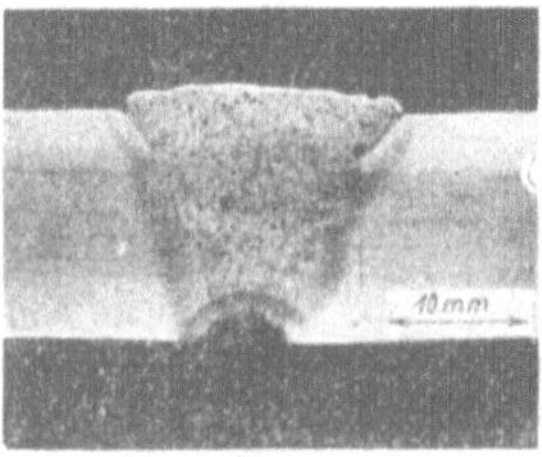

Schwellzugfestigkeit 10 kg/mm²

Übergang vom Blech (rechts) zur Schweißraupe (links).

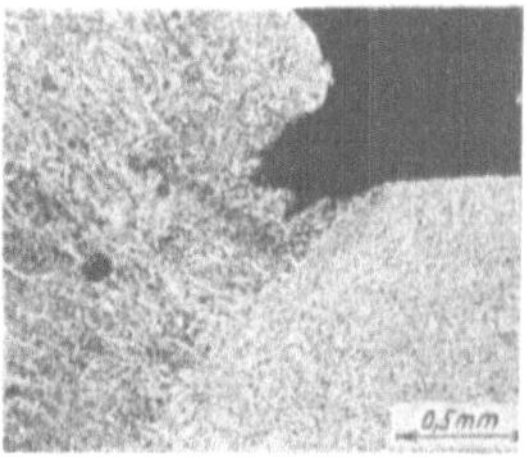

Abb. 58. Aus Dauerzugversuchen mit Stumpfnähten aus St 37

[1]) Vgl. Dauerfestigkeitsversuche mit Schweißverbindungen, VDI-Verlag Berlin 1935, S. 18ff.

Abb. 59

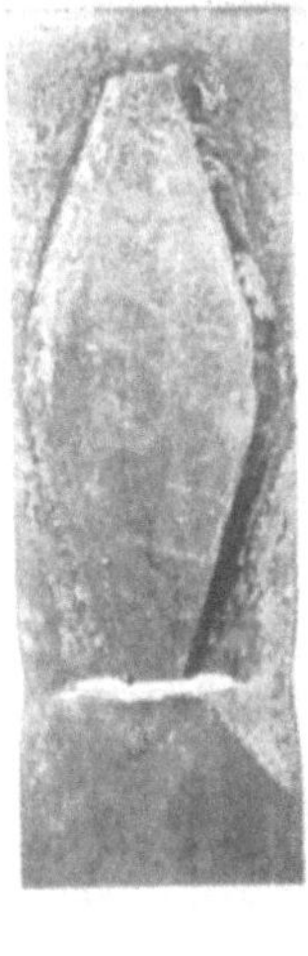

Abb. 60

Abb. 59. Aus Versuchen mit Schweißverbindungen mit Flankenkehlnähten, links Zerreißversuch, rechts Dauerversuch

Abb. 60. Aus Dauerzugversuchen mit Stumpfnähten, die mit Laschen gedeckt sind

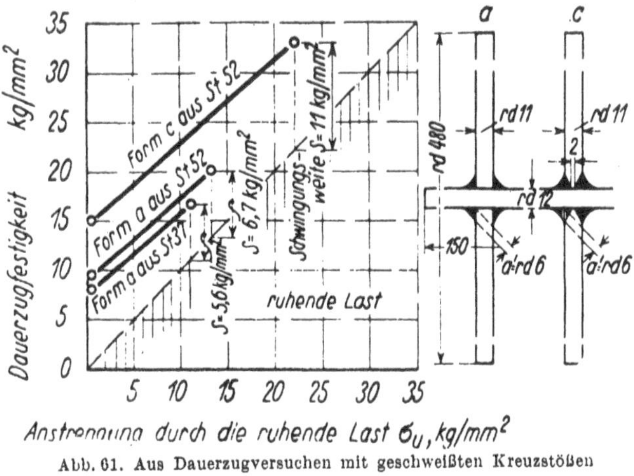

Abb. 61. Aus Dauerzugversuchen mit geschweißten Kreuzstößen

Stumpfnähte nach Abb. 57 links waren dementsprechend gegen oftmals wiederkehrende Zuglasten weit weniger widerstandsfähig als solche nach Abb. 57 rechts. Für die Stumpfnaht nach Abb. 58 betrug die Schwellzugfestigkeit nur 10 kg/mm², während gut hergestellte Stumpfnähte 18 bis 20 kg/mm² lieferten.

Verbindungen mit Flankenkehlnähten nach Abb. 59 brachen unter oftmals wiederkehrenden Zuglasten stets am Anfang der Schweißnaht, weil dort eine hohe Spannungsschwelle maßgebend ist. Verbindungen mit Flankenkehlnähten liefern deshalb auch kleinere Dauerfestigkeiten als Stumpfnähte.

Die Laschenverbindung nach Abb. 60 brach an einem Stirnende der Lasche, weil hier eine plötzliche Querschnittsänderung und damit eine hohe Spannungsschwelle maßgebend war. Laschenverbindungen, die guten Stumpfnähten nahekommen sollen, müssen deshalb am Übergang mit voller

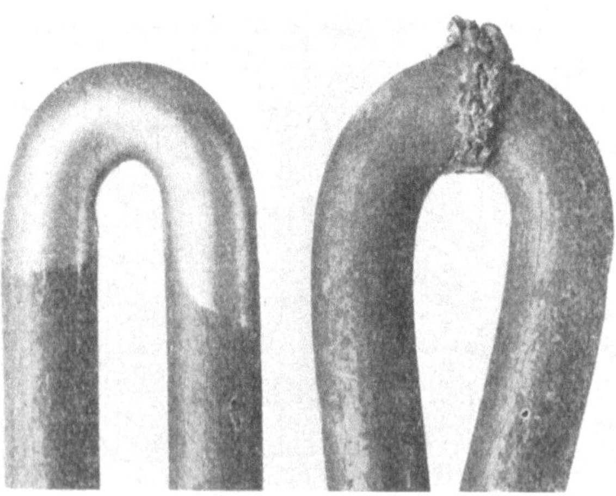

Abb. 62. Faltversuch mit geschweißten Rundstählen; Abbrennstumpfschweißung (rechts mit Schweißwulst, links vor dem Versuch abgedreht)

Laschenbreite wirken, dort eine dicke Stirnnaht haben und zweckmäßig angeschliffen werden.

Der Kreuzstoß nach Form *a* in Abb. 61 war weit weniger tragfähig gegenüber oftmals wiederkehrenden Zuglasten als die Form *c*, weil bei der Form *c* die innere Lücke viel kleiner hergestellt war als bei der Form *a*.

Bei Trägern, die vorwiegend bewegte Lasten aufnehmen sollen, dürfen die Versteifungsbleche in der Zugzone nicht angeschweißt werden, da sonst an der Anschweißstelle eine grobe Unstetigkeit im Kraftfluß der Zugzone eintritt, und deshalb der Bruch des Zugflansches vorzeitig beginnt.

Die Prüfung der Schweißverbindungen kann geschehen ohne Zerstörung nach dem Aussehen der Naht, auch durch Anschleifen derselben und durch Prüfung des Gefüges an der Schleifstelle, durch magnetische Prüfung mit dem Feilspäneverfahren oder mit der Schwingspule, mit Röntgenstrahlen, mit Gammastrahlen und durch Probebelastungen, mit teilweiser oder völliger Zerstörung durch Anbohren durch den Faltversuch, durch den Zerreißversuch, durch den Dauerversuch usf.

Abb. 62 zeigt zwei Abbrennstumpfschweißungen, rechts aus dem Ursprungszustand gebogen, links nach dem Abdrehen geprüft.

Weit verbreitet ist das Abtrennen von Stahl mit Sauerstoff[1]). Die brenngeschnittenen Flächen entstehen bei Beachtung der zugehörigen Erfahrungen so sauber, daß für die Aufgaben des Baubetriebs in der Regel eine Nacharbeit nicht erforderlich ist[2]).

B. Stahlguß

Werkstücke aus Stahl, die ihre Form durch Gießen erhalten haben, bezeichnet man als Stahlguß, vgl. DIN 1681.

Der Stahlguß wird u. a. zu Widerlagern für Brücken, zu Formstücken für Hochdruckleitungen, zu Zahnrädern und anderen Teilen der Baumaschinen verwendet.

---

[1]) Vgl. u. a. Holler, Leitfaden für Azetylenschweißer.

[2]) Graf, Autogene Metallbearbeitung, 1936, S. 49ff.

Die Gütevorschriften für Stahlguß finden sich in DIN 1681. Die Eigenschaften von praktisch fehlerfreiem und geglühtem Stahlguß liegen nahe denen des gewalzten Stahls.

C. Grauguß

Der Grauguß (Gußeisen) ist leicht gießbar. Er dient zur Herstellung von Rohren, Maschinengestellen, Zahnrädern, Lagern, Säulen u. a. m.

Der Grauguß ist abweichend vom kohlenstoffarmen Stahl kohlenstoffreich (etwa 2,5 bis 4% C). Im gewöhnlichen Grauguß ist ein großer Teil des Kohlenstoffs als Graphit in Blättchen ausgeschieden; die Graphitblättchen beeinflussen die Elastizität und die Festigkeit wesentlich. Der Elastizitätsmodul und die Zugfestigkeit sind viel kleiner als beim Baustahl, die Druckfestigkeit ist viel größer.

Der Elastizitätsmodul liegt für Grauguß zu Bauteilen etwa bei 800000 kg/cm^2; die Zugfestigkeit beträgt rund 12 bis 30 kg/mm^2, die Druckfestigkeit 50 kg/mm^2 oder mehr. Der Grauguß hat keine Fließgrenze. Die Bruchdehnung ist sehr klein. Grauguß ist nicht schmiedbar.

Die Wetterbeständigkeit des Graugusses ist besser als die des Stahls.

XII. Nichteisenmetalle[1]

Hier sind zwei Gruppen zu unterscheiden:

1. die schweren Nichteisenmetalle (Kupfer, Blei, Nickel, Zink, Zinn, Kadmium usf.) und ihre Legierungen (Messing, Bronze usf.);
2. die Leichtmetalle (Aluminium, Magnesium usf.) und ihre Legierungen mit Kupfer, Mangan, Nickel, Silizium usf.

Umfassende Angaben über die Eigenschaften der Nichteisenmetalle finden sich im „Werkstoffhandbuch Nichteisenmetalle".

[1]) Vgl. auch Graf, Die Baustoffe des Bauwesens, Abschnitte 18 und 19

1. Schwere Nichteisenmetalle

Im Bauwesen sind von Bedeutung

a) das Kupfer zum Abdecken von Dächern, Brücken, Tunnel usf., zum Isolieren von Bauwerken gegen aufsteigendes Wasser (vorzugsweise 0,1 bis o,5 mm dicke Bleche, die gerade besäumt und eben gestreckt besonders geeignet sind; zweckmäßig in bituminöser Klebemasse verlegt), sodann als Zusatz zum Stahl zur Erhöhung des Widerstands gegen Rosten;

b) das Blei, ebenfalls als dünnes Blech zum Schutz gegen Wasser (zwischen bituminösen Massen gut verwahrt, weil das Blei von Kalk- und Zementmörteln angegriffen wird), sodann als Zwischenlage an Laststellen (zur Lastverteilung geeignet wegen der Nachgiebigkeit des Bleis), oft als Dichtungsstoff in Rohrleitungen mit Muffen;

c) das Nickel als Zusatz zum Stahl, ferner als Überzug des Stahls und anderer Metalle zum Schutz gegen Korrosion;

d) das Zink und das Zinn als Überzug des Stahls zum Schutz gegen Rosten;

e) das Messing als Baustoff für Absperrteile usf. der Wasserleitungen.

2. Leichtmetalle

Für das Bauwesen sind zur Zeit das Reinaluminium und die Aluminiumlegierungen von Bedeutung und unter den letzteren die vergütbaren. Durch Glühen in einem eng begrenzten Temperaturbereich (z. B. für Duraluminium bei 500 bis 520° C), dann Abschrecken und Lagern bei Zimmertemperatur oder höheren Temperaturen kann das Gefüge so beeinflußt werden, daß hohe Festigkeiten und ausreichende Verformbarkeit entstehen (ausgehärtete und vergütete Werkstoffe). Der Elastizitätsmodul ist viel kleiner als beim Stahl; die Durchbiegung eines Aluminiumträgers beträgt unter sonst gleichen Umständen das Dreifache des Stahlträgers; die Zugfestigkeit liegt im Bereich der Baustähle.

Die Fließgrenze tritt bei den Nichteisenmetallen nicht scharf auf; man bestimmt hier die Fließgrenze als die Spannung, bei der die bleibende Dehnung 0,2% beträgt (benannt 0,2-Grenze, vgl. DIN 1602).

Die Dauerfestigkeit der Aluminiumlegierungen ist im Vergleich mit der Zugfestigkeit kleiner als beim Stahl[1]).

Selbstverständlich bleibt der nach der Aushärtung erlangte Zustand nur erhalten, wenn bei der Verarbeitung und im Gebrauch nichts geschieht, was die Aushärtung aufhebt; deshalb dürfen u. a. Bleche aus vergüteten Aluminiumlegierungen nur kalt genietet werden.

XIII. Bauglas

Als Bauglas werden geliefert[2]):

1. Fensterglas nach DIN 1249. Die Glassorten werden nach der Häufigkeit der Fehler, die als Blasen, Wellen, Streifen, Schlieren, Kratzer usf. auftreten, unterschieden. Die handelsüblichen Dicken betragen 2,2 bis 4,4 mm.
2. Gußglas in Tafeln als Rohglas (etwa 4 bis 40 mm dick), Drahtglas (in der Regel 6 bis 10 mm dick) und Ornamentglas, ferner Gußglas als Glasbausteine für Wände und Dächer, auch für Stahlbetondecken.
3. Spiegelglas, d. i. geschliffenes und poliertes Tafelglas (in Dicken bis etwa 25 mm).

In einzelnen hat der Verfasser folgendes ermittelt[3]):

a) Die in üblicher Weise berechnete Biegefestigkeit großer Drahtglasplatten (87 und 60 cm Breite, 145 bis 225 cm Länge) fand sich zu 100 bis 260 kg/cm², diejenige großer Rohglasplatten (87 cm Breite, 145 und 225 cm Länge) zu 128 bis 207 kg/cm².

b) Nach den Feststellungen zu a) ließ sich für das übliche Handelsglas als zulässige Biegeanstrengung 70 kg/cm² vorschlagen. Damit ergeben sich für flach und wenig

[1]) Über Dauerversuche mit Nietverbindungen aus Leichtmetall, vgl. Stahlbau 1935, S. 132 und 133, ferner Graf, Die Baustoffe, 2. Auflage, S. 188 u. 189.

[2]) Weiteres vgl. u. a. Hütte, Taschenbuch der Stoffkunde, ferner König, Reis und Simon, Flachglas, Leipzig 1934.

[3]) Vgl. Glastechnische Berichte 12 (1935), S. 233ff.

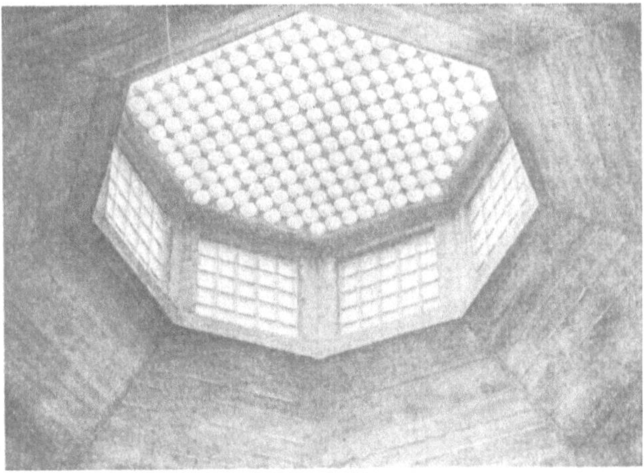

Abb. 63. Glas im Stahlbeton (Laterne in einem Stahlbetondach)

geneigt liegende Gläser von 7 mm Dicke Spannweiten von 62 cm, sofern die Gläser als Nutzlast 100 kg/cm² tragen sollen.

c) Für dicke Rohgläser und dicke Drahtgläser, die in Lichtöffnungen von Stahlbetondecken allseitig aufliegend eingebaut waren, ergaben sich bei Stücken mit 500 oder 700 mm Kantenlänge Biegefestigkeiten von mindestens 150 kg/cm². Die Festigkeit war in hohem Maße von der Dicke der Tafelgläser abhängig.

d) Praktisch wichtig war ferner, daß die Drahtglastafeln unter allmählicher Zertrümmerung bei großer Einsenkung unter Abfallen kleiner Splitter zerstört wurden, während die Rohglastafeln nach vorausgegangener Rißbildung in großen Stücken plötzlich durchbrachen. Drahtglas birgt deshalb weniger Gefahr als Rohglas.

e) Zu der Verwendung von Glasbausteinen in der aus Abb. 63 ersichtlichen Weise ist bekannt, daß die Verwendung von Formgläsern in der Druckzone von Stahlbetontragwerken nach einfachen Richtlinien möglich ist (Glastechnische Berichte, 4, 1926/27, S. 332ff.).

Für den Glashersteller ergab sich dabei u. a., daß möglichst einfache Formen der Gläser gewählt werden müssen, damit zusätzliche Spannungen, die durch das Schwinden und Quellen des Betons und durch Temperaturänderungen des Glases und des Betons entstehen, aufgenommen werden können. Wenn man die Körper nicht einfach gestalten kann oder will, sind sie so einzubauen, daß die Nebenspannungen, die vom Stahlbetontragwerk auf das Glas ausgeübt werden können, ohne Bedeutung bleiben.

XIV. Anstriche

Die Anstriche, die hier zu nennen sind, sollen die Werkstoffe im Freien gegen Zerrüttung schützen oder doch die Zerrüttung hemmen. Dazu gehört zunächst, daß die Anstriche nach gehöriger Vorbereitung der zu schützenden Stücke (Trocknen, Reinigen, Entrosten usf.) auf festem Grund sachgemäß aufgetragen und nachbehandelt werden. Die Anstrichmasse selbst soll den Zutritt des Wassers zum Werkstoff während langer Zeit möglichst vollkommen wehren. Die Zusammensetzung der Anstriche ist mannigfaltig; sie richtet sich u. a. nach dem Ort der Verwendung (Anstriche im Freien, der Sonne und dem Regen ausgesetzt, Unterwasseranstriche, rauchgasfeste Anstriche usf.) und nach der Art des schützenden Werkstoffs (Holz, Eisen, Beton). Die überaus mannigfaltigen Bedingungen sind in dem Buch von Graf und Göbel, „Schutz der Bauwerke", Verlag Wilhelm Ernst & Sohn, Berlin, geschildert[1]). Für die Lieferung und Abnahme der Anstriche sei auf die Vorschriften der Deutschen Reichsbahn verwiesen. Weiteres findet sich in den „Richtlinien für Anstriche", herausgegeben von der Forschungsgemeinschaft Bauen und Wohnen in Stuttgart.

---

[1]) Vgl. außerdem Graf, Die Baustoffe, 2. Auflage, S. 193 u. f.

XV. Asphalt und Teer[1])

Als Bitumen werden die natürlich vorkommenden, sowie die durch einfache Destillation aus Naturstoffen hergestellten flüssigen oder festen, schmelzbaren und löslichen Kohlenwasserstoffgemische bezeichnet. Man kann unterscheiden:

Bitumen, in der Natur vorgebildet, vornehmlich aus den Erdölen durch einfache Destillation zu gewinnen. Verwandte Stoffe, wie Teere und Peche, künstlich durch destruktive Destillation organischer Naturstoffe, hauptsächlich Kohle erhalten, sowie Raffinationsrückstände, die durch chemische Behandlung der Bitumen, Teere und Peche entstehen.

Im einzelnen sind für das Bauwesen die folgenden Unterteilungen zu beachten:

a) Bitumen, größtenteils löslich in CS_2 (Schwefelkohlenstoff) und größtenteils verseifbar (Montanwachs, fossile Harze usw.);
b) Bitumen, größtenteils löslich in CS_2 und größtenteils unverseifbar (Erdöle und Erdöldestillationsrückstände, Schwefelkohlenstofflösliches der natürlichen Asphalte und der Asphaltgesteine u. a.);
c) Bitumen, größtenteils unlöslich in CS_2 und größtenteils unverseifbar (Bitumen aus Braunkohle, Ölschiefer usw.);
d) Teere aller Art (Holz-, Torf-, Braunkohlenteer), ferner Peche (Destillationsrückstände aus den Teeren, Harzpech, Montanwachspech usf.).

Die Bitumen und die Teere werden in der Bautechnik mannigfach verwendet, vor allem im Straßenbau, zu Dachpappen, als Anstriche zum Schutz von Metallen, Beton usf., gegen angreifende Wässer zu Dämmschichten gegen Wasser, elektrischen Strom usf.

Die Beurteilung der Bitumen und der Teere erfolgt nach DIN 1995 und 1996, wenn die Stoffe im Straßenbau benutzt werden sollen.

Wenn es sich um Dichtungsmassen handelt, ist die Vorschrift der Deutschen Bundesbahn für die Abdichtung von

---

[1]) Vgl. u. a. Rodel im Handbuch der Werkstoffprüfung, Bd. III.
[2]) Vgl. auch Oberbach, Teer- und Asphaltstraßenbau, 2. Auflage, 1950.

Ingenieurbauten (AIB) zu beachten, für Dachpappen u. dgl. außerdem DIN DVM 52117 bis 52119, 52121 bis 52130, 52136 bis 52139. Für Fugenvergußmassen zu Betonstraßen sind die Richtlinien der Direktion der früheren Reichsautobahnen maßgebend. Wegen Pflasterkitten vgl. die Arbeiten der Forschungsgesellschaft für das Straßenwesen.

Die Bitumen sind Gemische von meist hochmolekularen Kohlenwasserstoffen und wenig Schwefel, Stickstoff usf., sie werden als kolloidale Systeme aufgefaßt. Technisch wichtig ist die hohe Dehnbarkeit in einem breiten Temperaturgebiet, die Widerstandsfähigkeit gegen chemische Angriffe durch Laugen, Säuren und Salze, auch der Widerstand gegen die Einflüsse der Witterung und schließlich der Umstand, daß sich mit den Bitumen wasserdichte gut haftende Schichten herstellen lassen.

XVI. Die künstlichen organischen Werkstoffe[1])

Hier handelt es sich um Stoffe, die ganz oder teilweise synthetisch durch Kondensation[2]) oder Polymerisation[3]) entstanden sind, also nicht um natürliche Stoffe, die lediglich umgemodelt wurden. Diese Stoffe werden oft „Kunststoffe" genannt. Sie werden in wachsender Mannigfaltigkeit hergestellt und finden wohl in allen Industriezweigen zunehmende Anwendung. Auch im Bauwesen haben solche Stoffe Eingang gefunden, im Hochbau als Anstriche, Leime, Türverkleidungen, im Wasserbau zu Dichtungen u. a. m. Zum täglichen Gebrauch werden Fäden, Kleider, Knöpfe, Geschirrstücke Bestecke, Türgriffe, Klebstoffe, Sicherheitsgläser, Dosen für elektrische Schalter, Filme, Zeichengeräte, Rohre usf. mit bestimmten Eigenschaften und mit beliebigen Farben durch-

[1]) Geschichtlich dargestellt bei Schmidt und Fischbeck, Die Industrielle Chemie in ihrer Bedeutung im Weltbild, 2. Auflage, S. 543. Einen Überblick gibt das VDI-Merkblatt, Kunst- und Preßstoffe in der Haustechnik und im Haushalt, die umfassendere Darstellung von Simonds und Ellis, Handbook of Plastics, New York 1943. Eine gute Übersicht findet sich bei Huntenburg, Chemie der organischen Kunststoffe, 1944.

[2]) Kondensationsprodukte aus Ausgangsstoffen durch Zusammentreten unter Abspalten von Nebenprodukten.

[3]) Zusammenlagerung ungesättigter Verbindungen ohne Abspaltung von Nebenprodukten.

sichtig und undurchsichtig aus Kunststoffen geliefert. Darunter sind Stoffe von großer Widerstandsfähigkeit gegen chemischen Angriff, u. a. die Pe-Ce-Faser, die erste vollsynthetische Faser, Polyvinylchlorid enthaltend.

Es handelt sich im ganzen um neue Werkstoffe, für die das früher oft gebrauchte Wort Ersatzstoff nicht angebracht ist; vielmehr ist es geboten, die neuen Werkstoffe sachgemäß zu gebrauchen, da sie, nach ihrer Art genutzt, zu neuen Möglichkeiten führen und damit dem technischen Fortschritt dienen.

Unter anderem ist das Oppanol ein Baustoff für die lückenlose Dichtung großer Bauwerke; dieser Baustoff ist in breiten dichten Bändern lieferbar, an den Treffstellen verklebbar und verschmelzbar. Die Bauwerke lassen sich also durch Oppanol mit einer geschlossenen Haut überziehen. Dabei ist der Stoff wahrscheinlich unbegrenzt haltbar und sehr nachgiebig.

Aus Phenol und Kresol mit Formaldehyd hergestellte Stoffe lassen sich verpressen, wobei mannigfache Füllstoffe verwendbar sind; auch lassen sich Papier und Holz damit tränken und verkleben. Aus Harnstoff und Formaldehyd wird u. a. der praktisch wasserfeste Leim „Kaurit" gefertigt, auch säurefeste Kitte, Überzugmassen, Lacke, z. B. Asplitkitt und Atephenlack.

Sachverzeichnis

Baustoffverarbeitung und Baustellenprüfung des Betons

von A. Kleinlogel

2., neubearbeitete und erweiterte Auflage. Mit 35 Abbildungen. 126 Seiten. 1951. DM 2,40

(Sammlung Göschen, Band 978)

„. . . Besondere Sorgfalt wird der Prüfung der Baustoffe auf der Baustelle gewidmet, die für eine sparsame Verwendung der Baustoffe, besonders des Zementes, und für eine qualitativ hochwertige Arbeit unerläßlich ist. In konzentrierter Form werden die für die Herstellung und Verarbeitung des Betons wichtigen Grundlagen unter Hinweis auf die einschlägige Literatur dargestellt . . . Gründliche Kenntnis der Eigenschaften der Baustoffe und ihrer Verarbeitung sind notwendiger denn je; hierzu verhilft das Büchlein von Kleinlogel.“ Berliner Bauwirtschaft

Fenster, Türen, Tore aus Holz und Eisen

von W. Wickop

3., überarbeitete und ergänzte Auflage. Mit 96 Abbildungen. 154 Seiten. 1949. DM 2,40

(Sammlung Göschen, Band 1092)

„. . . Der Verfasser setzt sich zunächst sachlich mit den lichttechnischen, den lüftungs- und wärmetechnischen Anforderungen an ein Fenster auseinander, wobei seinen Ermahnungen zu richtiger Dimensionierung der Öffnungen gerade beim heutigen sozialen Wohnungsbau besondere Bedeutung zukommt. An Hand zahlreicher Beispiele werden dann wichtige konstruktive Ratschläge gegeben, die man nicht so leicht in anderen Büchern findet. . . .“ Archiv für Berufsbildung

Heizung und Lüftung

von J. Körting und W. Körting

Band I. Das Wesen und die Berechnung der Heizungs- und Lüftungsanlagen. 8., neubearbeitete Auflage. Mit 29 Abbildungen und 18 Zahlentafeln. 140 Seiten. 1951. DM 2,40

(Sammlung Göschen, Band 342)

Band II. Die Ausführung der Heizungs- und Lüftungsanlagen. 8. Auflage. 1952. In Vorbereitung. DM 2,40

(Sammlung Göschen, Band 343)

„. . . Dieses schon fast klassische Werkchen . . . ist durch seine klare und gut verständliche Abfassung nicht nur den Fachleuten, sondern besonders auch Bauherren, Architekten usw. zu empfehlen, die sich darin leicht einen Überblick über Vor- und Nachteile sowie die Grundlagen der heute verwandten Heizungs- und Lüftungssysteme schaffen können . . .“ Sanitäre Technik

WALTER DE GRUYTER & CO. BERLIN W35

SAMMLUNG GÖSCHEN

GESAMTVERZEICHNIS

Jeder Band DM 3,60 · Doppelband DM 5,80

Februar 1964

WALTER DE GRUYTER & CO., BERLIN 30

Inhaltsübersicht

Geisteswissenschaften

Philosophie

Einführung in die Philosophie von *H. Leisegang* †. 5. Auflage. 146 Seiten. 1963. (281)

Hauptprobleme der Philosophie von *G. Simmel* †. 7., unveränderte Auflage. 177 Seiten. 1950. (500)

Geschichte der Philosophie

I: Die griechische Philosophie von *W. Capelle*. 1. Teil. Von Thales bis Leukippos. 2., erweiterte Auflage. 135 Seiten. 1953. (857)

II: Die griechische Philosophie von *W. Capelle*. 2. Teil. Von der Sophistik bis zum Tode Platons. 2., stark erweiterte Auflage. 144 Seiten. 1953. (858)

III: Die griechische Philosophie von *W. Capelle*. 3. Teil. Vom Tode Platons bis zur Alten Stoa. 2., stark erweiterte Auflage. 132 Seiten. 1954. (859)

IV: Die griechische Philosophie von *W. Capelle*. 4. Teil. Von der Alten Stoa bis zum Eklektizismus im 1. Jh. v. Chr. 2., stark erweiterte Auflage. 132 Seiten. 1954. (863)

V: Die Philosophie des Mittelalters von *J. Koch*. In Vorbereitung. (826)

VI: Von der Renaissance bis Kant von *K. Schilling*. 234 Seiten. 1954. (394/394a)

VII: Immanuel Kant von *G. Lehmann*. In Vorbereitung. (536)

VIII: Die Philosophie des 19. Jahrhunderts von *G. Lehmann*. 1. Teil. 151 Seiten. 1953. (571)

IX: Die Philosophie des 19. Jahrhunderts von *G. Lehmann*. 2. Teil. 168 Seiten. 1953. (709)

X: Die Philosophie im ersten Drittel des 20. Jahrhunderts 1. Teil von *G. Lehmann*. 128 Seiten. 1957. (845)

XI: Die Philosophie im ersten Drittel des 20. Jahrhunderts 2. Teil von *G. Lehmann*. 114 Seiten. 1960. (850)

Die geistige Situation der Zeit (1931) von *K. Jaspers*. 5., unveränderter Abdruck der im Sommer 1932 bearbeiteten 5. Auflage. 211 Seiten. 1960. (1000)

Erkenntnistheorie von *G. Kropp*.
1. Teil: Allgemeine Grundlegung. 143 Seiten. 1950. (807)

Formale Logik von *P. Lorenzen*. 2., verbesserte Auflage. 165 Seiten. 1962. (1176/1176a)

Philosophisches Wörterbuch von *M. Apel* †. 5., völlig neubearbeitete Auflage von *P. Ludz*. 315 Seiten. 1958. (1031/1031a)

Philosophische Anthropologie. Menschliche Selbstdeutung in Geschichte und Gegenwart von *M. Landmann*. 2. Auflage. 214 Seiten. 1964. (156/156a)

Pädagogik, Psychologie, Soziologie

Geschichte der Pädagogik von *Herm. Weimer.* 15., neubearbeitete und vermehrte Auflage von *Heinz Weimer.* 184 Seiten. 1962. (145)
Therapeutische Psychologie. Ihr Weg durch die Psychoanalyse von *W. M. Kranefeldt.* Mit einer Einführung von *C. G. Jung.* 3. Auflage. 152 Seiten. 1956. (1034)
Allgemeine Psychologie von *Th. Erismann †.* 4 Bände. 2., neubearbeitete Auflage.
I: Grundprobleme. 146 Seiten. 1958. (831)
II: Grundarten des psychischen Geschehens. 248 Seiten. 1959. (832/832 a)
III: Experimentelle Psychologie und ihre Grundlagen. 1. Teil. 112 Seiten, 7 Abbildungen. 1962. (833)
IV: Experimentelle Psychologie und ihre Grundlagen. 2. Teil. 199 Seiten, 20 Abbildungen. 1962. (834/834 a)
Soziologie. Geschichte und Hauptprobleme von *L. von Wiese.* 6. Auflage. 175 Seiten. 1960. (101)
Ideengeschichte der sozialen Bewegung des 19. und 20. Jh. von *W. Hofmann.* 243 Seiten. 1962. (1205/1205 a)
Sozialpsychologie von *P. R. Hofstätter.* 2. Auflage. 181 Seiten, 15 Abbildungen, 22 Tabellen. 1964. In Vorbereitung. (104/104 a)
Psychologie des Berufs- und Wirtschaftslebens von *W. Moede †.* 190 Seiten, 48 Abbildungen. 1958. (851/851 a)
Industrie- und Betriebssoziologie von *R. Dahrendorf.* 2., umgearbeitete und erweiterte Auflage. 142 Seiten, 3 Figuren. 1962. (103)
Wirtschaftssoziologie von *F. Fürstenberg.* 122 Seiten. 1961. (1193)
Einführung in die Sozialethik von *H.-D. Wendland.* 144 Seiten. 1963. (1203)

Religion

Jesus von *M. Dibelius †.* 3. Auflage, mit einem Nachtrag von *W. G. Kümmel.* 140 Seiten. 1960. (1130)
Paulus von *M. Dibelius †.* Nach dem Tode des Verfassers herausgegeben und zu Ende geführt von *W. G. Kümmel.* 3., durchgesehene Auflage. 155 Seiten. 1964. (1160)
Luther von *F. Lau.* 151 Seiten. 1959. (1187)
Melanchthon von *R. Stupperich.* 139 Seiten. 1960. (1190)
Einführung in die Konfessionskunde der orthodoxen Kirchen von *K. Onasch.* 291 Seiten. 1962. (1197/1197 a)
Geschichte des christlichen Gottesdienstes von *W. Nagel.* 215 Seiten. 1962. (1202/1202 a)
Geschichte Israels. Von den Anfängen bis zur Zerstörung des Tempels (70 n. Chr.) von *E. L. Ehrlich.* 158 Seiten, 1 Tafel. 1958. (231/231 a)
Römische Religionsgeschichte von *F. Altheim.* 2 Bände. 2., umgearbeitete Auflage.
I: Grundlagen und Grundbegriffe. 116 Seiten. 1956. (1035)
II: Der geschichtliche Ablauf. 164 Seiten. 1956. (1052)

Die Religion des Buddhismus von *D. Schlingloff*. 2 Bände.
I: Der Heilsweg des Mönchtums. 122 Seiten, 11 Abbildungen, 1 Karte. 1962. (174)
II: Der Heilsweg für die Welt. 129 Seiten, 9 Abbildungen, 1 Karte. 1963. (770)

Musik

Musikästhetik von *H. J. Moser*. 180 Seiten. Mit zahlreichen Notenbeispielen. 1953. (344)
Systematische Modulation von *R. Hernried*. 2. Auflage. 136 Seiten. Mit zahlreichen Notenbeispielen. 1950. (1094)
Der polyphone Satz von *E. Pepping*. 2 Bände.
I: Der cantus-firmus-Satz. 2. Auflage. 223 Seiten. Mit zahlreichen Notenbeispielen. 1950. (1148)
II: Übungen im doppelten Kontrapunkt und im Kanon. 137 Seiten. Mit zahlreichen Notenbeispielen. 1957. (1164/1164a)
Allgemeine Musiklehre von *H. J. Moser*. 2., durchgesehene Auflage. 155 Seiten. Mit zahlreichen Notenbeispielen. 1955. (220/220a)
Harmonielehre von *H. J. Moser*. 2 Bände.
I: 109 Seiten. Mit 120 Notenbeispielen. 1954. (809)
II: In Vorbereitung. (810)
Die Musik des 19. Jahrhunderts von *W. Oehlmann*. 180 Seiten. 1953. (170)
Die Musik des 20. Jahrhunderts von *W. Oehlmann*. 312 Seiten. 1961. (171/171a)
Technik der deutschen Gesangskunst von *H. J. Moser*. 3., durchgesehene und verbesserte Auflage. 144 Seiten, 5 Figuren sowie Tabellen und Notenbeispiele. 1954. (576/576a)
Die Kunst des Dirigierens von *H. W. von Waltershausen †*. 2., vermehrte Auflage. 138 Seiten. Mit 19 Notenbeispielen. 1954. (1147)
Die Technik des Klavierspiels aus dem Geiste des musikalischen Kunstwerkes von *K. Schubert †*. 3. Auflage. 110 Seiten. Mit Notenbeispielen. 1954. (1045)

Kunst

Stilkunde von *H. Weigert*. 2 Bände. 3., durchgesehene und ergänzte Auflage.
I: Vorzeit, Antike, Mittelalter. 136 Seiten, 94 Abbildungen. 1958. (80)
II: Spätmittelalter und Neuzeit. 150 Seiten, 88 Abbildungen. 1958. (781)
Archäologie von *A. Rumpf*. 3 Bände.
I: Einleitung, historischer Überblick. 143 Seiten, 6 Abbildungen, 12 Tafeln. 1953. (538)
II: Die Archäologensprache. Die antiken Reproduktionen. 136 Seiten, 7 Abbildungen, 12 Tafeln. 1956. (539)
III: In Vorbereitung. (540)

Geschichte

Einführung in die Geschichtswissenschaft von *P. Kirn*. 4., durchgesehene Auflage. 127 Seiten. 1963. (270)

GEISTESWISSENSCHAFTEN

Einführung in die Zeitgeschichte von *B. Scheurig*. 101 Seiten. 1962. (1204)

Zeitrechnung der römischen Kaiserzeit, des Mittelalters und der Neuzeit für die Jahre 1—2000 n. Chr. von *H. Lietzmann †*. 3. Auflage, durchgesehen von *K. Aland*. 130 Seiten. 1956. (1085)

Kultur der Urzeit von *F. Behn*. 3 Bände. 4. Auflage der Kultur der Urzeit Bd. 1—3 von *M. Hoernes*.

I: Die vormetallischen Kulturen. (Die Steinzeiten Europas. Gleichartige Kulturen in anderen Erdteilen.) 172 Seiten, 48 Abbildungen. 1950. (564)

II: Die älteren Metallkulturen. (Der Beginn der Metallbenutzung, Kupfer- und Bronzezeit in Europa, im Orient und in Amerika.) 160 Seiten, 67 Abbildungen. 1950. (565)

III: Die jüngeren Metallkulturen. (Das Eisen als Kulturmetall, Hallstatt-Latène-Kultur in Europa. Das erste Auftreten des Eisens in den anderen Weltteilen.) 149 Seiten, 60 Abbildungen. 1950. (566)

Vorgeschichte Europas von *F. Behn*. Völlig neue Bearbeitung der 7. Auflage der „Urgeschichte der Menschheit" von *M. Hoernes*. 125 Seiten, 47 Abbildungen. 1949. (42)

Der Eintritt der Germanen in die Geschichte von *J. Haller †*. 3. Auflage, durchgesehen von *H. Dannenbauer*. 120 Seiten, 6 Kartenskizzen. 1957. (1117)

Von den Karolingern zu den Staufern. Die altdeutsche Kaiserzeit (900—1250) von *J. Haller †*. 4., durchgesehene Auflage von *H. Dannenbauer*. 142 Seiten, 4 Karten. 1958. (1065)

Von den Staufern zu den Habsburgern. Auflösung des Reichs und Emporkommen der Landesstaaten (1250—1519) von *J. Haller †*. 2., durchgesehene Auflage von *H. Dannenbauer*. 118 Seiten, 6 Kartenskizzen. 1960. (1077)

Deutsche Geschichte im Zeitalter der Reformation, der Gegenreformation und des dreißigjährigen Krieges von *F. Hartung*. 2., durchgesehene Auflage. 128 Seiten. 1963. (1105)

Deutsche Geschichte von 1648—1740. Politischer und geistiger Wiederaufbau von *W. Treue*. 120 Seiten. 1956. (35)

Deutsche Geschichte von 1713—1806. Von der Schaffung des europäischen Gleichgewichts bis zu Napoleons Herrschaft von *W. Treue*. 168 Seiten. 1957. (39)

Deutsche Geschichte von 1806—1890. Vom Ende des alten bis zur Höhe des neuen Reiches von *W. Treue*. 128 Seiten. 1961. (893)

Deutsche Geschichte von 1890 bis zur Gegenwart von *W. Treue*. In Vorbereitung. (894)

Quellenkunde der Deutschen Geschichte im Mittelalter (bis zur Mitte des 15. Jahrhunderts) von *K. Jacob †*. 3 Bände.

I: Einleitung. Allgemeiner Teil. Die Zeit der Karolinger. 6. Auflage, bearbeitet von *H. Hohenleutner*. 127 Seiten. 1959. (279)

II: Die Kaiserzeit (911—1250). 5. Auflage, neubearbeitet von *H. Hohenleutner*. 141 Seiten. 1961. (280)

III: Das Spätmittelalter (vom Interregnum bis 1500). Herausgegeben von *F. Weden*. 152 Seiten. 1952. (284)

Geschichte Englands von *H. Preller.* 2 Bände.
I: bis 1815. 3., stark umgearbeitete Auflage. 135 Seiten, 7 Stammtafeln, 2 Karten. 1952. (375)
II: Von 1815 bis 1910. 2., völlig umgearbeitete Auflage. 118 Seiten, 1 Stammtafel, 7 Karten. 1954. (1088)
Römische Geschichte von *F. Altheim.* 4 Bände. 2., verbesserte Auflage.
I: Bis zur Schlacht bei Pydna (168 v.Chr.). 124 Seiten. 1956. (19)
II: Bis zur Schlacht bei Actium (31 v.Chr.). 129 Seiten. 1956. (677)
III: Bis zur Schlacht an der Milvischen Brücke (312 n.Chr.). 148 Seiten. 1958. (679)
IV: Bis zur Schlacht am Yarmuk (636 n.Chr.). In Vorbereitung. (684)
Geschichte der Vereinigten Staaten von Amerika von *O. Graf zu Stolberg-Wernigerode.* 192 Seiten, 10 Karten. 1956. (1051/1051a)

Deutsche Sprache und Literatur

Geschichte der Deutschen Sprache von *H. Sperber.* 4. Auflage, besorgt von *W. Fleischhauer.* 128 Seiten. 1963. (915)
Deutsches Rechtschreibungswörterbuch von *M. Gottschald †.* 2., verbesserte Auflage. 219 Seiten. 1953. (200/200a)
Deutsche Wortkunde. Kulturgeschichte des deutschen Wortschatzes von *A. Schirmer.* 4. Auflage von *W. Mitzka.* 123 Seiten. 1960. (929)
Deutsche Sprachlehre von *W. Hofstaetter.* 10. Auflage. Völlige Umarbeitung der 8. Auflage. 150 Seiten. 1960. (20)
Stimmkunde für Beruf, Kunst und Heilzwecke von *H. Biehle.* 111 Seiten. 1955. (60)
Redetechnik. Einführung in die Rhetorik von *H. Biehle.* 2., erweiterte Auflage. 151 Seiten. 1961. (61)
Sprechen und Sprachpflege (Die Kunst des Sprechens) von *H. Feist.* 2., verbesserte Auflage. 99 Seiten, 25 Abbildungen. 1952. (1122)
Deutsches Dichten und Denken von der germanischen bis zur staufischen Zeit von *H. Naumann †.* (Deutsche Literaturgeschichte vom 5.—13. Jahrhundert.) 2., verbesserte Auflage. 166 Seiten. 1952. (1121)
Deutsches Dichten und Denken vom Mittelalter zur Neuzeit von *G. Müller* (1270 bis 1700). 3., durchgesehene Auflage. 159 Seiten. In Vorbereitung. (1086)
Deutsches Dichten und Denken von der Aufklärung bis zum Realismus (Deutsche Literaturgeschichte von 1700—1890) von *K. Viëtor †.* 3., durchgesehene Auflage. 159 Seiten. 1958. (1096)
Deutsche Heldensage von *H. Schneider.* 2. Auflage, bearbeitet von *R. Wisniewski.* 148 Seiten. 1964. (32)
Der Nibelunge Nôt in Auswahl mit kurzem Wörterbuch von *K. Langosch.* 10., durchgesehene Auflage. 164 Seiten. 1956. (1)
Kudrun und Dietrich-Epen in Auswahl mit Wörterbuch von *O. L. Jiriczek.* 6. Auflage, bearbeitet von *R. Wisniewski.* 173 Seiten. 1957. (10)
Wolfram von Eschenbach. Parzival. Eine Auswahl mit Anmerkungen und Wörterbuch von *H. Jantzen.* 2. Auflage, bearbeitet von *H. Kolb.* 128 Seiten. 1957. (921)

Hartmann von Aue. Der arme Heinrich nebst einer Auswahl aus der „Klage", dem „Gregorius" und den Liedern (mit einem Wörterverzeichnis) herausgegeben von *F. Maurer*. 96 Seiten. 1958. (18)
Gottfried von Strassburg in Auswahl herausgegeben von *F. Maurer*. 142 Seiten. 1959. (22)
Die deutschen Personennamen von *M. Gottschald †*. 2., verbesserte Auflage. 151 Seiten. 1955. (422)
Althochdeutsches Elementarbuch. Grammatik und Texte von *H. Naumann †* und *W. Betz*. 3., verbesserte und vermehrte Auflage. 183 Seiten. 1962. (1111/1111a)
Mittelhochdeutsche Grammatik von *H. de Boor* und *R. Wisniewski*. 3., verbesserte und ergänzte Auflage. 150 Seiten. 1963. (1108)

Indogermanisch, Germanisch

Indogermanische Sprachwissenschaft von *H. Krahe*. 2 Bände. 4., überarbeitete Auflage.
I: Einleitung und Lautlehre. 110 Seiten. 1962. (59)
II: Formenlehre. 100 Seiten. 1963. (64)
Gotisches Elementarbuch. Grammatik, Texte mit Übersetzung und Erläuterungen von *H. Hempel*. 3., umgearbeitete Auflage. 166 Seiten. 1962. (79/79a)
Germanische Sprachwissenschaft von *H. Krahe*. 2 Bände.
I: Einleitung und Lautlehre. 5., überarbeitete Auflage. 149 Seiten. 1963. (238)
II: Formenlehre. 4., überarbeitete Auflage. 149 Seiten. 1961. (780)
Altnordisches Elementarbuch. Schrift, Sprache, Texte mit Übersetzung und Wörterbuch von *F. Ranke*. 2., durchgesehene Auflage. 146 Seiten. 1949. (1115)

Englisch, Romanisch

Altenglisches Elementarbuch. Einführung, Grammatik, Texte mit Übersetzung und Wörterbuch von *M. Lehnert*. 5., verbesserte Auflage. 178 Seiten. 1962. (1125)
Historische neuenglische Laut- und Formenlehre von *E. Ekwall*. 3., durchgesehene Auflage. 150 Seiten. 1956. (735)
Englische Phonetik von *H. Mutschmann †*. 2. Auflage, bearbeitet von *G. Scherer*. 127 Seiten. 1963. (601)
Englische Literaturgeschichte von *F. Schubel*. 4 Bände.
I: Die alt- und mittelenglische Periode. 163 Seiten. 1954. (1114)
II: Von der Renaissance bis zur Aufklärung. 160 Seiten. 1956. (1116)
III: Romantik und Viktorianismus. 160 Seiten. 1960. (1124)
Beowulf von *M. Lehnert*. Eine Auswahl mit Einführung, teilweiser Übersetzung, Anmerkungen und etymologischem Wörterbuch. 3., verbesserte Auflage. 135 Seiten. 1959. (1135)
Shakespeare von *P. Meißner †*. 2. Auflage, neubearbeitet von *M. Lehnert*. 136 Seiten. 1954. (1142)

Romanische Sprachwissenschaft von *H. Lausberg*. 4 Bände.
I: Einleitung und Vokalismus. 2., durchgesehene Auflage. 211 Seiten. 1963. (128/128a)
II: Konsonantismus. 95 Seiten. 1956. (250)
III: Formenlehre. 1. Teil. 99 Seiten. 1962. (1199)
III: Formenlehre. 2. Teil. S. 99—260. 1962. (1200/1200a)
IV: Wortlehre. In Vorbereitung. (1208)

Griechisch, Lateinisch

Griechische Sprachwissenschaft von *W. Brandenstein*. 3 Bände.
I: Einleitung, Lautsystem, Etymologie. 160 Seiten. 1954. (117)
II: Wortbildung und Formenlehre. 192 Seiten. 1959. (118/118a)
III: Syntax. In Vorbereitung. (1218)
Geschichte der griechischen Sprache. 2 Bände.
I: Bis zum Ausgang der klassischen Zeit von *O. Hoffmann †*. 3. Auflage, bearbeitet von *A. Debrunner †*. 156 Seiten. 1953. (111)
II: Grundfragen und Grundzüge des nachklassischen Griechisch von *A. Debrunner †*. 144 Seiten. 1954. (114)
Geschichte der griechischen Literatur von *W. Nestle*. 2 Bände. 3. Auflage, bearbeitet von *W. Liebich*.
I: 144 Seiten. 1961. (70)
II: 149 Seiten. 1963. (557)
Grammatik der neugriechischen Volkssprache von *J. Kalitsunakis*. 3., wesentlich erweiterte und verbesserte Auflage. 196 Seiten. 1963. (756/756a)
Neugriechisch-deutsches Gesprächsbuch von *J. Kalitsunakis*. 2. Auflage, bearbeitet von *A. Steinmetz*. 99 Seiten. 1960. (587)
Geschichte der lateinischen Sprache von *F. Stolz*. 4. Auflage von *A. Debrunner †*. In Vorbereitung. (492)
Geschichte der römischen Literatur von *L. Bieler*. 2 Bände.
I: Die Literatur der Republik. 160 Seiten. 1961. (52)
II: Die Literatur der Kaiserzeit. 133 Seiten. 1961. (866)

Hebräisch, Sanskrit, Russisch

Hebräische Grammatik von *G. Beer †*. 2 Bände. Völlig neubearbeitet von *R. Meyer*.
I: Schrift-, Laut- und Formenlehre I. 3. Auflage. Etwa 224 Seiten. In Vorbereitung. (763/763a)
II: Formenlehre II. Syntax und Flexionstabellen. 2. Auflage. 195 Seiten. 1955. (764/764a)
Hebräisches Textbuch zu *G. Beer-R. Meyer*, Hebräische Grammatik von *R. Meyer*. 170 Seiten. 1960. (769/769a)
Sanskrit-Grammatik von *M. Mayrhofer*. 89 Seiten. 1953. (1158)
Russische Grammatik von *E. Berneker †*. 6., verbesserte Auflage von *M. Vasmer †*. 155 Seiten. 1961. (66)
Slavische Sprachwissenschaft von *H. Bräuer*. 2 Bände.
I: Einleitung, Lautlehre. 221 Seiten. 1961. (1191/1191a)

Erd- und Länderkunde, Kartographie

Afrika von *F. Jaeger*. Ein geographischer Überblick. 2 Bände. 3. Auflage.
I: Der Lebensraum. 179 Seiten, 18 Abbildungen. In Vorbereitung. (910)
II: Mensch und Kultur. 155 Seiten, 6 Abbildungen. In Vorbereitung. (911)

Australien und Ozeanien von *H. J. Krug*. 176 Seiten, 46 Skizzen. 1953. (319)

Kartographie von *V. Heissler*. 213 Seiten, 125 Abb., 8 Anlagen. 1962. (30/30a)

Volkswirtschaft, Statistik, Publizistik

Allgemeine Betriebswirtschaftslehre von *K. Mellerowicz*. 4 Bände. 11., durchgesehene Auflage.
I: 224 Seiten. 1961. (1008/1008a)
II: 188 Seiten. 1962. (1153/1153a)
III: 260 Seiten. 1963. (1154/1154a)
IV: 209 Seiten. 1963. (1186/1186a)

Buchhaltung und Bilanz von *E. Kosiol*. Etwa 114 Seiten, 29 Tafeln. 1964. (1213)

Geschichte der Volkswirtschaftslehre von *S. Wendt*. 182 Seiten. 1961. (1194)

Allgemeine Volkswirtschaftslehre von *A. Paulsen*. 4 Bände.
I: Grundlegung, Wirtschaftskreislauf. 5., neubearbeitete Auflage. 154 Seiten. 1964. (1169)
II: Haushalte, Unternehmungen, Marktformen. 5., neubearbeitete Auflage. 168 Seiten, 35 Abbildungen. 1964. (1170)
III: Produktionsfaktoren. 3., neubearbeitete und ergänzte Auflage. 198 Seiten. 1963. (1171)
IV: Gesamtbeschäftigung, Konjunkturen, Wachstum. 3. Auflage. 174 Seiten. 1964. (1172)

Allgemeine Volkswirtschaftspolitik von *H. Ohm*. 2 Bände.
I: Systematisch-Theoretische Grundlegung. 137 Seiten, 6 Abbildungen. 1962. (1195)
II: Der volkswirtschaftliche Gesamtorganismus als Objekt der Wirtschaftspolitik. In Vorbereitung. (1196)

Finanzwissenschaft von *H. Kolms*. 4 Bände.
I: Grundlegung, Öffentliche Ausgaben. 2., verbesserte Auflage. 162 Seiten. 1963. (148)
II: Erwerbseinkünfte, Gebühren und Beiträge, Allgemeine Steuerlehre. 2., verbesserte Auflage. 150 Seiten. 1964. (391)
III: Besondere Steuerlehre. 178 Seiten. 1962. (776)
IV: Öffentlicher Kredit. Haushaltswesen. Finanzausgleich. 1964. In Vorbereitung. (782)

Finanzmathematik von *M. Nicolas.* 192 Seiten, 11 Tafeln, 8 Tabellen und 72 Beispiele. 1959. (1183/1183a)

Industrie- und Betriebssoziologie von *R. Dahrendorf.* 2., umgearbeitete und erweiterte Auflage. 142 Seiten, 3 Figuren. 1962. (103)

Wirtschaftssoziologie von *F. Fürstenberg.* 122 Seiten. 1961. (1193)

Psychologie des Berufs- und Wirtschaftslebens von *W. Moede †.* 190 Seiten, 48 Abbildungen. 1958. (851/851a)

Einführung in die Arbeitswissenschaft von *H. H. Hilf.* 164 Seiten, 57 Abbildungen. 1964. (1212/1212a)

Allgemeine Methodenlehre der Statistik von *J. Pfanzagl.* 2 Bände.
I: Elementare Methoden unter besonderer Berücksichtigung der Anwendungen in den Wirtschafts- und Sozialwissenschaften. 2. Auflage. 251 Seiten, 42 Abbildungen. 1964. (746/746a)
II: Höhere Methoden unter besonderer Berücksichtigung der Anwendungen in Naturwissenschaft, Medizin und Technik. 295 Seiten, 39 Abbildungen. 1962. (747/747a)

Zeitungslehre von *E. Dovifat.* 2 Bände. 4., neubearbeitete Auflage.
I: Theoretische und rechtliche Grundlagen — Nachricht und Meinung — Sprache und Form. 149 Seiten. 1962. (1039)
II: Redaktion — Die Sparten: Verlag und Vertrieb, Wirtschaft und Technik — Sicherung der öffentlichen Aufgabe. 168 Seiten. 1962. (1040)

Naturwissenschaften

Mathematik

Geschichte der Mathematik von *J. E. Hofmann*. 4 Bände.
I: Von den Anfängen bis zum Auftreten von Fermat und Descartes. 2., verbesserte und vermehrte Auflage. 251 Seiten. 1963. (226/226a)
II: Von Fermat und Descartes bis zur Erfindung des Calculus und bis zum Ausbau der neuen Methoden. 109 Seiten. 1957. (875)
III: Von den Auseinandersetzungen um den Calculus bis zur französischen Revolution. 107 Seiten. 1957. (882)
IV: Geschichte der Mathematik der neuesten Zeit von *N. Stuloff*. In Vorbereitung. (883)

Mathematische Formelsammlung von *F. O. Ringleb*. 7., erweiterte Auflage. 320 Seiten, 40 Figuren. 1960. (51/51a)

Vierstellige Tafeln und Gegentafeln für logarithmisches und trigonometrisches Rechnen in zwei Farben zusammengestellt von *H. Schubert* und *R. Haussner*. 3., neubearbeitete Auflage von *J. Erlebach*. 158 Seiten. 1960. (81)

Fünfstellige Logarithmen mit mehreren graphischen Rechentafeln und häufig vorkommenden Zahlenwerten von *A. Adler*. 4. Auflage, überarbeitet von *J. Erlebach*. 127 Seiten, 1 Tafel. 1962. (423)

Arithmetik von *P. B. Fischer †*. 3. Auflage von *H. Rohrbach*. 152 Seiten, 19 Abbildungen. 1958. (47)

Höhere Algebra von *H. Hasse*. 2 Bände.
I: Lineare Gleichungen. 5., neubearbeitete Auflage. 150 Seiten. 1963. (931)
II: Gleichungen höheren Grades. 4., durchgesehene Auflage. 158 Seiten, 5 Figuren. 1958. (932)

Aufgabensammlung zur höheren Algebra von *H. Hasse* und *W. Klobe*. 3., verbesserte Auflage. 183 Seiten. 1961. (1082)

Elementare und klassische Algebra vom modernen Standpunkt von *W. Krull*. 2 Bände.
I: 3., erweiterte Auflage. 148 Seiten. 1963. (930)
II: 132 Seiten. 1959. (933)

Lineare Programmierung von *H. Langen*. Etwa 200 Seiten. 1964. (1206/1206a)

Algebraische Kurven und Flächen von *W. Burau*. 2 Bände.
I: Algebraische Kurven der Ebene. 153 Seiten, 28 Abbildungen. 1962. (435)
II: Algebraische Flächen 3. Grades und Raumkurven 3. und 4. Grades. 162 Seiten, 17 Abbildungen. 1962. (436/436a)

Einführung in die Zahlentheorie von *A. Scholz †*. Überarbeitet und herausgegeben von *B. Schoeneberg*. 3. Auflage. 128 Seiten. 1961. (1131)

Formale Logik von *P. Lorenzen*. 2., verbesserte Auflage. 165 Seiten. 1962. (1176/1176a)

Topologie von *W. Franz.* 2 Bände.
I: Allgemeine Topologie. 144 Seiten, 9 Figuren. 1960. (1181)
II: Algebraische Topologie. 130 Seiten. 1964. (1182)

Elemente der Funktionentheorie von *K. Knopp †*. 6. Auflage. 144 Seiten, 23 Figuren. 1963. (1109)

Funktionentheorie von *K. Knopp †*. 2 Bände. 10. Auflage.
I: Grundlagen der allgemeinen Theorie der analytischen Funktionen. 144 Seiten, 8 Figuren. 1961. (668)
II: Anwendungen und Weiterführung der allgemeinen Theorie. 130 Seiten, 7 Figuren. 1962. (703)

Aufgabensammlung zur Funktionentheorie von *K. Knopp †*. 2 Bände.
I: Aufgaben zur elementaren Funktionentheorie. 6. Auflage. 135 Seiten. 1962. (877)
II: Aufgaben zur höheren Funktionentheorie. 5. Auflage. 151 Seiten. 1959. (878)

Differential- und Integralrechnung von *M. Barner*. (Früher *Witting*). 4 Bände.
I: Grenzwertbegriff, Differentialrechnung. 2., durchgesehene Auflage. 176 Seiten, 39 Figuren. 1963. (86)

Gewöhnliche Differentialgleichungen von *G. Hoheisel*. 6., neubearbeitete und erweiterte Auflage. 128 Seiten. 1960. (920)

Partielle Differentialgleichungen von *G. Hoheisel*. 4., durchgesehene Auflage. 128 Seiten. 1960. (1003)

Aufgabensammlung zu den gewöhnlichen und partiellen Differentialgleichungen von *G. Hoheisel*. 5., durchgesehene und verbesserte Auflage. 124 Seiten. 1964. (1059/1059a)

Integralgleichungen von *G. Hoheisel*. 2., neubearbeitete und erweiterte Auflage. 112 Seiten. 1963. (1099)

Mengenlehre von *E. Kamke*. 4., verbesserte Auflage. 194 Seiten, 6 Figuren. 1962. (999/999a)

Gruppentheorie von *L. Baumgartner*. 4., neubearbeitete Auflage. 110 Seiten, 3 Tafeln. 1964. In Vorbereitung. (837)

Ebene und sphärische Trigonometrie von *G. Hessenberg †*. 5. Auflage, durchgesehen von *H. Kneser*. 172 Seiten, 60 Figuren. 1957. (99)

Darstellende Geometrie von *W. Haack*. 3 Bände.
I: Die wichtigsten Darstellungsmethoden. Grund- und Aufriß ebenflächiger Körper. 4., durchgesehene und ergänzte Auflage. 113 Seiten, 120 Abbildungen. 1963. (142)
II: Körper mit krummen Begrenzungsflächen. Kotierte Projektionen. 3., durchgesehene Auflage. 129 Seiten, 86 Abbildungen. 1962. (143)
III: Axonometrie und Perspektive. 2., durchgesehene und ergänzte Auflage. 129 Seiten, 100 Abbildungen. 1962. (144)

Analytische Geometrie von *K. P. Grotemeyer*. 2., erweiterte Auflage. 218 Seiten, 73 Abbildungen. 1962. (65/65a)

Nichteuklidische Geometrie. Hyperbolische Geometrie der Ebene von *R. Baldus †*. Durchgesehen und herausgegeben von *F. Löbell*. 4., verbesserte Auflage. 140 Seiten, 70 Figuren. 1964. (970)

Differentialgeometrie von *K. Strubecker* (früher *Rothe*). 3 Bände.
I: Kurventheorie der Ebene und des Raumes. 2. Auflage. 200 Seiten, 18 Figuren. 1964. In Vorbereitung. (1113/1113a)

II: Theorie der Flächenmetrik. 195 Seiten, 14 Figuren. 1958. (1179/1179a)
III: Theorie der Flächenkrümmung. 254 Seiten, 38 Figuren. 1959. (1180/1180a)

Variationsrechnung von *L. Koschmieder*. 2 Bände. 2., neubearbeitete Auflage.
I: Das freie und gebundene Extrem einfacher Grundintegrale. 128 Seiten, 23 Figuren. 1962. (1074)
II: Anwendung klassischer Verfahren auf allgemeine Fragen des Extrems. — Neuere unmittelbare Verfahren. In Vorbereitung. (1075)

Einführung in die konforme Abbildung von *L. Bieberbach*. 5., erweiterte Auflage. 180 Seiten, 42 Figuren. 1956. (768/768a)

Vektoren und Matrizen von *S. Valentiner*. 3. Auflage. (10., erweiterte Auflage der „Vektoranalysis"). Mit Anhang: Aufgaben zur Vektorrechnung von *H. König*. 206 Seiten, 35 Figuren. 1963. (354/354a)

Wahrscheinlichkeitstheorie und Grundzüge der Maßtheorie von *H. Bauer*. 2 Bände.
I: 1964. Im Druck. (1216)
II: In Vorbereitung. (1217)

Versicherungsmathematik von *F. Böhm*. 2 Bände.
I: Elemente der Versicherungsrechnung. 3., vermehrte und verbesserte Auflage. Durchgesehener Neudruck. 151 Seiten. 1953. (180)
II: Lebensversicherungsmathematik. Einführung in die technischen Grundlagen der Sozialversicherung. 2., verbesserte und vermehrte Auflage. 205 Seiten. 1953. (917/917a)

Finanzmathematik von *M. Nicolas* 192 Seiten, 11 Tafeln, 8 Tabellen und 72 Beispiele. 1959. (1183/1183a)

Kinematik von *H. R. Müller*. 171 Seiten, 75 Figuren. 1963. (584/584a)

Physik

Einführung in die theoretische Physik von *W. Döring*. 5 Bände.
I: Mechanik. 2., verbesserte Auflage. 123 Seiten, 25 Abbildungen. 1960. (76)
II: Das elektromagnetische Feld. 2., verbesserte Auflage. 132 Seiten, 15 Abbildungen. 1962. (77)
III: Optik. 2., verbesserte Auflage. 117 Seiten, 32 Abbildungen. 1963. (78)
IV: Thermodynamik. 2., verbesserte Auflage. 107 Seiten, 9 Abbildungen. 1964. (374)
V: Statistische Mechanik. 114 Seiten, 12 Abbildungen. 1957. (1017)

Mechanik deformierbarer Körper von *M. Päsler*. 199 Seiten, 48 Abbildungen. 1960. (1189/1189a)

Atomphysik von *K. Bechert, Ch. Gerthsen †* und *A. Flammersfeld*. 7 Bände. 4., durchgesehene Auflage.
I: Allgemeine Grundlagen. 1. Teil von *A. Flammersfeld*. 124 Seiten, 35 Abbildungen. 1959. (1009)
II: Allgemeine Grundlagen. 2. Teil von *A. Flammersfeld*. 112 Seiten, 47 Abbildungen. 1963. (1033)

III: Theorie des Atombaus. 1. Teil von *K. Bechert*. 148 Seiten, 16 Abbildungen. 1963. (1123/1123 a)

IV: Theorie des Atombaus. 2. Teil von *K. Bechert*. 170 Seiten, 14 Abbildungen. 1963. (1165/1165 a)

Differentialgleichungen der Physik von *F. Sauter*. 3., durchgesehene und ergänzte Auflage. 148 Seiten, 16 Figuren. 1958. (1070)

Physikalische Formelsammlung von *G. Mahler†*. Fortgeführt von *K. Mahler*. Neubearbeitet von *H. Graewe*. 11. Auflage. 167 Seiten, 69 Figuren. 1963. (136)

Physikalische Aufgabensammlung von *G. Mahler †*. Neubearbeitet von *H. Graewe*. Mit den Ergebnissen. 12. Auflage. 127 Seiten. 1964. (243)

Chemie

Geschichte der Chemie in kurzgefaßter Darstellung von *G. Lockemann*. 2 Bände.

I: Vom Altertum bis zur Entdeckung des Sauerstoffs. 2. Auflage. 142 Seiten, 8 Bildnisse. In Vorbereitung. (264)

II: Von der Entdeckung des Sauerstoffs bis zur Gegenwart. 151 Seiten, 16 Bildnisse. 1955. (265/265 a)

Anorganische Chemie von *W. Klemm*. 13., neubearbeitete und erweiterte Auflage. 255 Seiten, 35 Abbildungen. 1964. (37/37 a)

Organische Chemie von *W. Schlenk*. 9., erweiterte Auflage. 273 Seiten, 16 Abbildungen. 1963. (38/38 a)

Physikalische Methoden in der Organischen Chemie von *G. Kresze*. 2 Bände.

I: 119 Seiten, 65 Abbildungen. 1962. (44)

II: 164 Seiten. 1962. (45/45 a)

Allgemeine und physikalische Chemie von *W. Schulze*. 2 Bände.

I: 5., durchgesehene Auflage. 139 Seiten, 10 Figuren. 1960. (71)

II: 5., verbesserte Auflage. 178 Seiten, 37 Figuren. 1961. (698/698 a)

Einfache Versuche zur allgemeinen und physikalischen Chemie von *E. Dehn*. 371 Versuche mit 40 Abbildungen. 272 Seiten. 1962. (1201/1201 a)

Molekülbau. Theoretische Grundlagen und Methoden der Strukturermittlung von *W. Schulze*. 123 Seiten, 43 Figuren. 1958. (786)

Physikalisch-chemische Rechenaufgaben von *E. Asmus*. 3., verbesserte Auflage. 96 Seiten. 1958. (445)

Maßanalyse. Theorie und Praxis der klassischen und der elektrochemischen Titrierverfahren von *G. Jander* und *K. F. Jahr*. 10., erweiterte Auflage, mitbearbeitet von *H. Knoll*. 358 Seiten, 56 Figuren. 1963. (221/221 a)

Qualitative Analyse von *H. Hofmann* u. *G. Jander*. 2., durchgesehene und verbesserte Auflage. 308 Seiten, 5 Abbildungen. 1963. (247/247 a)

Thermochemie von *W. A. Roth †*. 2., verbesserte Auflage. 109 Seiten, 16 Figuren. 1952. (1057)

Stöchiometrische Aufgabensammlung von *W. Bahrdt †* und *R. Scheer*. Mit den Ergebnissen. 7., durchgesehene Auflage. 119 Seiten. 1960. (452)

Elektrochemie von *K. Vetter*. 2 Bände.
I: 1964. In Vorbereitung. (252)
II: 1964. In Vorbereitung. (253)

Technologie

Die Chemie der Kunststoffe von *K. Hamann*, unter Mitarbeit von *W. Funke* und *H. D. Hermann*. 143 Seiten. 1960. (1173)

Warenkunde von *K. Hassak* und *E. Beutel †*. 2 Bände.
I: Anorganische Waren sowie Kohle und Erdöl. 8. Auflage. Neubearbeitet von *A. Kutzelnigg*. 119 Seiten, 18 Figuren. 1958. (222)
II: Organische Waren. 8. Auflage. Vollständig neubearbeitet von *A. Kutzelnigg*. 157 Seiten, 32 Figuren. 1959. (223)

Die Fette und Öle von *Th. Klug*. 6., verbesserte Auflage. 143 Seiten. 1961. (335)

Die Seifenfabrikation von *K. Braun †*. 3., neubearbeitete und verbesserte Auflage von *Th. Klug*. 116 Seiten, 18 Abbildungen. 1953. (336)

Thermische Verfahrenstechnik von *H. Bock*. 3 Bände.
I: Eigenschaften und Verhalten der realen Stoffe. 164 Seiten, 28 Abbildungen. 1963. (1209/1209a)
II: Funktionen und Berechnung der elementaren Geräte. In Vorbereitung. (1210/1210a)
III: Fließbilder, ihre Funktion und ihr Zusammenbau aus Geräten. In Vorbereitung. (1211/1211a)

Textilindustrie von *A. Blümcke*.
I: Spinnerei und Zwirnerei. 111 Seiten, 43 Abbildungen. 1954. (184)

Biologie

Einführung in die allgemeine Biologie und ihre philosophischen Grund- und Grenzfragen von *M. Hartmann*. 132 Seiten, 2 Abbildungen. 1956. (96)

Hormone von *G. Koller*. 2., neubearbeitete und erweiterte Auflage. 187 Seiten, 60 Abbildungen, 19 Tabellen. 1949. (1141)

Fortpflanzung im Tier- und Pflanzenreich von *J. Hämmerling*. 2., ergänzte Auflage. 135 Seiten, 101 Abbildungen. 1951. (1138)

Geschlecht und Geschlechtsbestimmung im Tier- und Pflanzenreich von *M. Hartmann*. 2., verbesserte Auflage. 116 Seiten, 61 Abbildungen, 7 Tabellen. 1951. (1127)

Symbiose der Tiere mit pflanzlichen Mikroorganismen von *P. Buchner*. 2., verbesserte und vermehrte Auflage. 130 Seiten, 121 Abbildungen. 1949. (1128)

Grundriß der Allgemeinen Mikrobiologie von *W.* u. *A. Schwartz*. 2 Bände. 2., verbesserte und ergänzte Auflage.
I: 147 Seiten, 25 Abbildungen. 1960. (1155)
II: 142 Seiten, 29 Abbildungen. 1961. (1157)

Botanik

Entwicklungsgeschichte des Pflanzenreiches von *H. Heil.* 2. Auflage. 138 Seiten, 94 Abbildungen, 1 Tabelle. 1950. (1137)

Morphologie der Pflanzen von *L. Geitler.*, 3., umgearbeitete Auflage. 126 Seiten, 114 Abbildungen. 1953. (141)

Pflanzengeographie von *L. Diels †.* 5., völlig neubearbeitete Auflage von *F. Mattick.* 195 Seiten, 2 Karten. 1958. (389/389a)

Die Laubhölzer. Kurzgefaßte Beschreibung der in Mitteleuropa gedeihenden Laubbäume und Sträucher von *F. W. Neger †* und *E. Münch †.* 3., durchgesehene Auflage, herausgegeben von *B. Huber.* 143 Seiten, 63 Figuren, 7 Tabellen. 1950. (718)

Die Nadelhölzer (Koniferen) und übrigen Gymnospermen von *F. W. Neger †* und *E. Münch †.* 4. Auflage, durchgesehen und ergänzt von *B. Huber.* 140 Seiten, 75 Figuren, 4 Tabellen, 3 Karten. 1952. (355)

Pflanzenzüchtung von *H. Kuckuck.* 2 Bände.

I: Grundzüge der Pflanzenzüchtung. 3., völlig umgearbeitete und erweiterte Auflage. 132 Seiten, 22 Abbildungen. 1952. (1134)

II: Spezielle gartenbauliche Pflanzenzüchtung (Züchtung von Gemüse, Obst und Blumen). 178 Seiten, 27 Abbildungen. 1957. (1178/1178a)

Zoologie

Entwicklungsphysiologie der Tiere von *F. Seidel.* 2 Bände.

I: Ei und Furchung. 126 Seiten, 29 Abbildungen. 1953. (1162)

II: Körpergrundgestalt und Organbildung. 159 Seiten, 42 Abbildungen. 1953. (1163)

Das Tierreich

I: Einzeller, Protozoen von *E. Reichenow.* 115 Seiten. 59 Abbildungen. 1956. (444)

II: Schwämme und Hohltiere von *H. J. Hannemann.* 95 Seiten, 80 Abbildungen. 1956. (442)

III: Würmer. Platt-, Hohl-, Schnurwürmer, Kamptozoen, Ringelwürmer, Protracheaten, Bärtierchen, Zungenwürmer von *S. Jaeckel.* 114 Seiten, 36 Abbildungen. 1955. (439)

IV, 1: Krebse von *H. E. Gruner* und *K. Deckert.* 114 Seiten, 43 Abbildungen. 1956. (443)

IV, 2: Spinnentiere (Trilobitomorphen, Fühlerlose) und Tausendfüßler von *A. Kaestner.* 96 Seiten, 55 Abbildungen. 1955. (1161)

IV, 3: Insekten von *H. von Lengerken.* 128 Seiten, 58 Abbildungen. 1953. (594)

V: Weichtiere. Urmollusken, Schnecken, Muscheln und Kopffüßer von *S. Jaeckel.* 92 Seiten. 34 Figuren. 1954. (440)

VI: Stachelhäuter. Tentakulaten, Binnenatmer und Pfeilwürmer von *S. Jaeckel.* 100 Seiten, 46 Abbildungen. 1955. (441)

VII, 1: Manteltiere, Schädellose, Rundmäuler von *Th. Haltenorth.* In Vorbereitung. (448)

VII, 2: **Fische** von *D. Lüdemann*. 130 Seiten, 65 Abbildungen. 1955. (356)
VII, 3: **Lurche** (Chordatiere) von *K. Herter*. 143 Seiten, 129 Abbildungen. 1955. (847)
VII, 4: **Kriechtiere** (Chordatiere) von *K. Herter*. 200 Seiten, 42 Abbildungen. 1960. (447/447 a)
VII, 5: **Vögel** (Chordatiere) von *H.-A. Freye*. 156 Seiten, 69 Figuren. 1960. (869)
VII, 6: **Säugetiere** (Chordatiere) von *Th. Haltenorth*. In Vorbereitung. (282)

Land- und Forstwirtschaft

Landwirtschaftliche Tierzucht. Die Züchtung und Haltung der landwirtschaftlichen Nutztiere von *H. Vogel*. 139 Seiten, 11 Abbildungen. 1952. (228)
Kulturtechnische Bodenverbesserungen von *O. Fauser*. 2 Bände. 5., verbesserte und vermehrte Auflage.
I: Allgemeines, Entwässerung. 127 Seiten, 49 Abbildungen. 1959. (691)
II: Bewässerung, Ödlandkultur, Flurbereinigung. 159 Seiten, 71 Abbildungen. 1961. (692)
Agrikulturchemie von *K. Scharrer*. 2 Bände.
I: Pflanzenernährung. 143 Seiten. 1953. (329)
II: Futtermittelkunde. 192 Seiten. 1956. (330/330 a)

Geologie, Mineralogie, Kristallographie

Geologie von *F. Lotze*. 2., verbesserte Auflage. 178 Seiten, 80 Abbildungen. 1961. (13)
Erzkunde von *H. von Philipsborn*. In Vorbereitung. (1207)
Mineral- und Erzlagerstättenkunde von *H. Huttenlocher †*. 2 Bände. 2. Auflage.
I: 128 Seiten, 34 Abbildungen. In Vorbereitung. (1014)
II: 156 Seiten, 48 Abbildungen. In Vorbereitung. (1015/1015 a)
Allgemeine Mineralogie. 11., erweiterte Auflage der „Mineralogie" von *R. Brauns†*, neubearbeitet von *K. F. Chudoba*. 152 Seiten, 143 Textfiguren, 1 Tafel, 3 Tabellen. 1963. (29/29 a)
Spezielle Mineralogie. 11., erweiterte Auflage der „Mineralogie" von *R. Brauns †*, bearbeitet von *K. F. Chudoba*. Etwa 170 Seiten, 127 Textfiguren, 4 Tabellen. 1964. (31/31 a)
Petrographie (Gesteinskunde) von *W. Bruhns †*. Neubearbeitet von *P. Ramdohr*. 5., erweiterte Auflage. 141 Seiten, 10 Figuren. 1960. (173)
Kristallographie von *W. Bruhns †*. 5. Auflage, neubearbeitet von *P. Ramdohr*. 109 Seiten, 164 Abbildungen. 1958. (210)
Einführung in die Kristalloptik von *E. Buchwald*. 5., verbesserte Auflage. 128 Seiten, 117 Figuren. 1963. (619/619 a)
Lötrohrprobierkunde. Mineraldiagnose mit Lötrohr und Tüpfelreaktion von *M. Henglein*. 4., durchgesehene und erweiterte Auflage. 108 Seiten, 12 Figuren. 1962. (483)

Technik

Graphische Darstellung in Wissenschaft und Technik von *M. Pirani.* 3., erweiterte Auflage bearbeitet von *J. Fischer* unter Benutzung der von *I. Runge* besorgten 2. Auflage. 216 Seiten, 104 Abbildungen. 1957. (728/728a)

Technische Tabellen und Formeln von *W. Müller.* 5., verbesserte und erweiterte Auflage von *E. Schulze.* 165 Seiten, 114 Abbildungen, 99 Tafeln. 1962. (579)

Einführung in die Arbeitswissenschaft von *H. H. Hilf.* 164 Seiten, 57 Abbildungen. 1964. (1212/1212a)

Grundlagen der Straßenverkehrstechnik. Theorie der Leistungsfähigkeit von *E. Engel.* 101 Seiten, 55 Abbildungen. 1962. (1198)

Elektrotechnik

Grundlagen der allgemeinen Elektrotechnik von *O. Mohr.* 2., durchgesehene Auflage. 260 Seiten, 136 Bilder, 14 Tafeln. 1961. (196/196a)

Die Gleichstrommaschine von *K. Humburg.* 2 Bände. 2., durchgesehene Auflage.
I: 102 Seiten, 59 Abbildungen. 1956. (257)
II: 101 Seiten, 38 Abbildungen. 1956. (881)

Die Synchronmaschine von *W. Putz.* 92 Seiten, 64 Bilder. 1962. (1146)

Induktionsmaschinen von *F. Unger.* 2., erweiterte Auflage. 142 Seiten, 49 Abbildungen. 1954. (1140)

Die komplexe Berechnung von Wechselstromschaltungen von *H. H. Meinke.* 3. Auflage. 180 Seiten, 120 Abbildungen. 1964. In Vorbereitung. (1156/1156a)

Theoretische Grundlagen zur Berechnung der Schaltgeräte von *F. Kesselring.* 3. Auflage. 144 Seiten, 92 Abbildungen. 1950. (711)

Einführung in die Technik selbsttätiger Regelungen von *W. zur Megede.* 2., durchgesehene Auflage. 180 Seiten, 86 Abbildungen. 1961. (714/714a)

Elektromotorische Antriebe (Grundlagen für die Berechnung) von *A. Schwaiger.* 3., neubearbeitete Auflage. 96 Seiten, 34 Abbildungen. 1952. (827)

Überspannungen und Überspannungsschutz von *G. Frühauf.* Durchgesehener Neudruck. 122 Seiten, 98 Abbildungen. 1950. (1132)

Elektrische Höchstspannungs-Schaltanlagen für Freiluft und Innenanordnung von *G. Meiners* und *K.-H. Wiesenewsky.* 138 Seiten, 58 Abbildungen. 1964. (796/796a)

Transformatoren von *W. Schäfer.* 4., überarbeitete und ergänzte Auflage. 130 Seiten, 73 Abbildungen. 1962. (952)

Maschinenbau

Metallkunde von *H. Borchers.* 3 Bände. 5., ergänzte und durchgesehene Auflage.
- I: Aufbau der Metalle und Legierungen. 120 Seiten, 90 Abbildungen, 2 Tabellen. 1962. (432)
- II: Eigenschaften, Grundzüge der Form- und Zustandsgebung. 182 Seiten, 107 Abbildungen, 10 Tabellen. 1963. (433/433a)
- III: Die metallkundlichen Untersuchungsmethoden von *E. Hanke.* In Vorbereitung. (434)

Die Werkstoffe des Maschinenbaues von *A. Thum †* und *C. M. v. Meysenbug.* 2 Bände.
- I: Einführung in die Werkstoffprüfung. 2., neubearbeitete Auflage. 100 Seiten, 7 Tabellen, 56 Abbildungen. 1956. (476)
- II: Die Konstruktionswerkstoffe. 132 Seiten, 40 Abbildungen. 1959. (936)

Dynamik von *W. Müller.* 2 Bände. 2., verbesserte Auflage.
- I: Dynamik des Einzelkörpers. 128 Seiten, 48 Figuren. 1952. (902)
- II: Systeme von starren Körpern. 102 Seiten, 41 Figuren. 1952. (903)

Technische Schwingungslehre von *L. Zipperer.* 2 Bände. 2., neubearbeitete Auflage.
- I: Allgemeine Schwingungsgleichungen, einfache Schwinger. 120 Seiten, 101 Abbildungen. 1953. (953)
- II: Torsionsschwingungen in Maschinenanlagen. 102 Seiten, 59 Abbildungen. 1955. (961/961a)

Werkzeugmaschinen für Metallbearbeitung von *K. P. Matthes.* 2 Bände.
- I: 100 Seiten, 27 Abbildungen, 11 Zahlentafeln, 1 Tafelanhang. 1954. (561)
- II: Fertigungstechnische Grundlagen der neuzeitlichen Metallbearbeitung. 101 Seiten, 30 Abbildungen, 5 Tafeln. 1955. (562)

Das Maschinenzeichnen mit Einführung in das Konstruieren von *W. Tochtermann.* 2 Bände. 4. Auflage.
- I: Das Maschinenzeichnen. 156 Seiten, 75 Tafeln. 1950. (589)
- II: Ausgeführte Konstruktionsbeispiele. 130 Seiten, 58 Tafeln. 1950. (590)

Die Maschinenelemente von *E. A. vom Ende †.* 4., überarbeitete Auflage. 184 Seiten, 179 Figuren, 11 Tafeln. 1963. (3/3a)

Die Maschinen der Eisenhüttenwerke von *L. Engel.* 156 Seiten, 95 Abbildungen. 1957. (583/583a)

Walzwerke von *H. Sedlaczek †* unter Mitarbeit von *F. Fischer* und *M. Buch.* 232 Seiten, 157 Abbildungen. 1958. (580/580a)

Getriebelehre von *P. Grodzinski †.* 2 Bände. 3., neubearbeitete Auflage von *G. Lechner.*
- I: Geometrische Grundlagen. 164 Seiten, 131 Figuren. 1960. (1061)
- II: Angewandte Getriebelehre. In Vorbereitung. (1062)

Kinematik von *H. R. Müller.* 171 Seiten, 75 Figuren. 1963. (584/584a)

Gießereitechnik von *H. Jungbluth*. 2 Bände.
I: Eisengießerei. 126 Seiten, 44 Abbildungen. 1951. (1159)

Die Dampfturbinen. Ihre Wirkungsweise, Berechnung und Konstruktion von *C. Zietemann*. 3 Bände.
I: Theorie der Dampfturbinen. 4. Auflage. 139 Seiten, 48 Abbildungen. 1964. In Vorbereitung. (274)
II: Die Berechnung der Dampfturbinen und die Konstruktion der Einzelteile. 4., verbesserte Auflage. 132 Seiten, 111 Abbildungen. 1964. In Vorbereitung. (715)
III: Die Regelung der Dampfturbinen, die Bauarten, Turbinen für Sonderzwecke, Kondensationsanlagen. 3., verbesserte Auflage. 126 Seiten, 90 Abbildungen. 1956. (716)

Verbrennungsmotoren von *W. Endres*. 3 Bände.
I: Überblick. Motor-Brennstoffe. Verbrennung im Motor allgemein, im Otto- und Diesel-Motor. 153 Seiten, 57 Abbildungen. 1958. (1076/1076a)
II: Die heutigen Typen der Verbrennungskraftmaschine. In Vorbereitung. (1184)
III: Die Einzelteile des Verbrennungsmotors. In Vorbereitung. (1185)

Autogenes Schweißen und Schneiden von *H. Niese*. 5. Auflage, neubearbeitet von *A. Küchler*. 136 Seiten, 71 Figuren. 1953. (499)

Die elektrischen Schweißverfahren von *H. Niese*. 2. Auflage, neubearbeitet von *H. Dienst*. 136 Seiten, 58 Abbildungen. 1955. (1020)

Die Hebezeuge. Entwurf von Winden und Kranen von *G. Tafel*. 2., verbesserte Auflage. 176 Seiten, 230 Figuren. 1954. (414/414a)

Wasserbau

Wasserkraftanlagen von *A. Ludin* unter Mitarbeit von *W. Borkenstein*. 2 Bände.
I: Planung, Grundlagen und Grundzüge. 124 Seiten, 60 Abbildungen. 1955. (665)
II: Anordnung und Ausbildung der Hauptbauwerke. 184 Seiten, 91 Abbildungen. 1958. (666/666a)

Verkehrswasserbau von *H. Dehnert*. 3 Bände.
I: Entwurfsgrundlagen, Flußregelungen. 103 Seiten, 53 Abbildungen. 1950. (585)
II: Flußkanalisierung und Schiffahrtskanäle. 94 Seiten, 60 Abbildungen. 1950. (597)
III: Schleusen und Hebewerke. 98 Seiten, 70 Abbildungen. 1950. (1152)

Wehr- und Stauanlagen von *H. Dehnert*. 134 Seiten, 90 Abbildungen. 1952. (965)

Talsperren von *F. Tölke*. 122 Seiten, 70 Abbildungen. 1953. (1044)

Vermessungswesen

Vermessungskunde von *W. Großmann.* 3 Bände.

I: Stückvermessung und Nivellieren. 11., verbesserte Auflage. 144 Seiten 117 Figuren. 1962. (468)

II: Horizontalaufnahmen und ebene Rechnungen. 9., verbesserte Auflage. 136 Seiten, 101 Figuren. 1963. (469)

III: Trigonometrische und barometrische Höhenmessung. Tachymetrie und Absteckungen. 8. Auflage. 136 Seiten, 97 Figuren. 1964. (862)

Kartographie von *V. Heissler.* 213 Seiten, 125 Abbildungen, 8 Anlagen. 1962. (30/30a)

Photogrammetrie von *G. Lehmann.* 189 Seiten, 132 Abbildungen. 1959. (1188/1188a)

Hoch- und Tiefbau

Die wichtigsten Baustoffe des Hoch- und Tiefbaus von *O. Graf †.* 4., verbesserte Auflage. 131 Seiten, 63 Abbildungen. 1953. (984)

Baustoffverarbeitung und Baustellenprüfung des Betons von *A. Kleinlogel.* 2., neubearbeitete und erweiterte Auflage. 126 Seiten, 35 Abbildungen. 1951. (978)

Festigkeitslehre. 2 Bände.

I: Elastizität, Plastizität und Festigkeit der Baustoffe und Bauteile von *W. Gehler †* und *W. Herberg.* Durchgesehener und erweiterter Neudruck. 159 Seiten, 118 Abbildungen. 1952. (1144)

II: Formänderung, Platten, Stabilität und Bruchhypothesen von *W. Herberg* und *N. Dimitrov.* 187 Seiten, 94 Abbildungen. 1955. (1145/1145a)

Grundlagen des Stahlbetonbaus von *A. Troche.* 2., neubearbeitete und erweiterte Auflage. 208 Seiten, 75 Abbildungen, 17 Bemessungstafeln, 20 Rechenbeispiele. 1953. (1078)

Statik der Baukonstruktionen von *A. Teichmann.* 3 Bände.

I: Grundlagen. 101 Seiten, 51 Abbildungen, 8 Formeltafeln. 1956. (119)

II: Statisch bestimmte Stabwerke. 107 Seiten, 52 Abbildungen, 7 Tafeln. 1957. (120)

III: Statisch unbestimmte Systeme. 112 Seiten, 34 Abbildungen, 7 Formeltafeln. 1958. (122)

Fenster, Türen, Tore aus Holz und Metall. Eine Anleitung zu ihrer guten Gestaltung, wirtschaftlichen Bemessung und handwerksgerechten Konstruktion von *W. Wickop †*. 4., überarbeitete und ergänzte Auflage. 155 Seiten, 95 Abbildungen. 1955. (1092)

Heizung und Lüftung von *W. Körting*. 2 Bände. 9., neubearbeitete Auflage.
I: Das Wesen und die Berechnung der Heizungs- und Lüftungsanlagen. 171 Seiten, 29 Abbildungen, 36 Zahlentafeln. 1962. (342/342a)
II: Die Ausführung der Heizungs- und Lüftungsanlagen. 1964. In Vorbereitung. (343)

Industrielle Kraft- und Wärmewirtschaft von *F. A. F. Schmidt* und *A. Beckers*. 167 Seiten, 73 Abbildungen. 1957. (318/318a)

Sammlung Göschen / Bandnummernfolge

1 Langosch, Der Nibelunge Nôt
3/3a v. Ende, Maschinenelemente
10 Jiriczek-Wisniewski, Kudrun- und Dietrich-Epen
13 Lotze, Geologie
18 Maurer, Hartmann von Aue. Der arme Heinrich
19 Altheim, Römische Geschichte I
20 Hofstaetter, Dt. Sprachlehre
22 Maurer, Gottfried von Strassburg
29/29a Brauns-Chudoba. Allgemeine Mineralogie
30/30a Heissler, Kartographie
31/31a Brauns-Chudoba, Spezielle Mineralogie
32 Schneider-Wisniewski, Deutsche Heldensage
35 Treue, Dt. Geschichte von 1648—1740
37/37a Klemm, Anorganische Chemie
38/38a Schlenk, Organische Chemie
39 Treue, Dt. Geschichte von 1713—1806
42 Behn-Hoernes, Vorgeschichte Europas
44 Kresze, Physikalische Methoden in der Organischen Chemie I
45/45a Kresze, Physikalische Methoden in der Organischen Chemie II
47 Fischer-Rohrbach, Arithmetik
51/51a Ringleb, Mathem. Formelsammlung
52 Bieler Röm. Literaturgesch. I
59 Krahe, Indog. Sprachwiss. I
60 Biehle, Stimmkunde
61 Biele, Redetechnik
64 Krahe, Indog. Sprachwiss. II
65/65a Grotemeyer, Analyt. Geometrie
66 Berneker-Vasmer, Russische Grammatik
70 Nestle-Liebich, Gesch. d. griechischen Literatur I
71 Schulze, Allgemeine und physikalische Chemie I
76 Döring, Einf. i. d. th. Physik I
77 Döring, Einf. i. d. th. Physik II
78 Döring, Einf. i. d. th. Physik III
79/79a Hempel, Got. Elementarbuch
80 Weigert, Stilkunde I
81 Schubert-Haussner-Erlebach, Vierstell. Logarithmentafeln
86 Barner, Differential- u. Integralrechnung I
96 Hartmann, Einf. in die allgem. Biologie
99 Hessenberg-Kneser, Ebene und sphär. Trigonometrie
101 v. Wiese, Soziologie
103 Dahrendorf, Industrie- und Betriebssoziologie
104/104a Hofstätter, Sozialpsychologie
111 Hoffmann-Debrunner, Gesch. der griechischen Sprache I
114 Debrunner, Gesch. der griechischen Sprache II
117 Brandenstein, Griechische Sprachwissenschaft I
118/118a Brandenstein, Griechische Sprachwissenschaft II
119 Teichmann, Statik der Baukonstruktionen I
120 Teichmann, Statik der Baukonstruktionen II
122 Teichmann, Statik der Baukonstruktionen III

128/128a Lausberg, Romanische Sprachwissenschaft I
136 Mahler-Graewe, Physikal. Formelsammlung
141 Geitler, Morphologie der Pflanzen
142 Haack, Darst. Geometrie I
143 Haack, Darst. Geometrie II
144 Haack, Darst. Geometrie III
145 Weimer, Gesch. der Pädagogik
148 Kolms, Finanzwissenschaft I
156/156a Landmann, Philosophische Anthropologie
170 Oehlmann, Musik des 19. Jhs.
171/171a Oehlmann, Musik des 20. Jhs.
173 Bruhns-Ramdohr, Petrographie
174 Schlingloff, Religion des Buddhismus I
180 Böhm, Versicherungsmathematik I
184 Blümcke, Textilindustrie I
196/196a Mohr, Grundlagen der allgem. Elektrotechnik
200/200a Gottschald, Dt. Rechtschreibungswörterbuch
210 Bruhns-Ramdohr, Kristallographie
220/220a Moser, Allg. Musiklehre
221/221a Jander-Jahr-Knoll, Maßanalyse
222 Hassak-Beutel-Kutzelnigg, Warenkunde I
223 Hassak-Beutel-Kutzelnigg, Warenkunde II
226/226a Hofmann, Gesch. der Mathematik I
228 Vogel, Landw. Tierzucht
231/231a Ehrlich, Gesch. Israels
238 Krahe, Germ. Sprachwiss. I
243 Mahler-Graewe, Physikal. Aufgabensammlung
247/247a Hofmann-Jander, Qualitative Analyse
250 Lausberg, Romanische Sprachwissenschaft II
252 Vetter, Elektrochemie I
253 Vetter, Elektrochemie II
257 Humburg, Gleichstrommaschine I
264 Lockemann, Gesch. der Chemie I
265/265a Lockemann, Geschichte der Chemie II
270 Kirn, Einführung in die Geschichtswissenschaft
274 Zietemann, Dampfturbinen I
279 Jacob-Hohenleutner, Quellenkunde der deutschen Geschichte I
280 Jacob-Hohenleutner, Quellenkunde der deutschen Geschichte II
281 Leisegang, Einführung in die Philosophie
282 Haltenorth, Säugetiere
284 Jacob-Weden, Quellenkunde der deutschen Geschichte III
318/318a Schmidt-Beckers, Industrielle Kraft- u. Wärmewirtschaft
319 Krug, Australien und Ozeanien
329 Scharrer, Agrikulturchemie I
330/330a Scharrer, Agrikulturchemie II
335 Klug, Fette und Öle
336 Braun-Klug, Seifenfabrikation
342/342a Körting, Heizung und Lüftung I
343 Körting, Heizung und Lüftung II
344 Moser, Musikästhetik
354/354a Valentiner-König, Vektoren und Matrizen
355 Neger-Münch-Huber, Nadelhölzer
356 Lüdemann, Fische
374 Döring, Einführung in die theoret. Physik IV
375 Preller, Geschichte Englands I
389/389a Diels-Mattick, Pflanzengeographie
391 Kolms, Finanzwissenschaft II
394/394a Schilling, Von der Renaissance bis Kant
414/414a Tafel, Hebezeuge
422 Gottschald, Dt. Personennamen
423 Adler-Erlebach, Fünfstellige Logarithmen
432 Borchers, Metallkunde I
433/433a Borchers, Metallkunde II

434 Borchers-Hanke, Metallkunde III
435 Burau, Algebr. Kurven u. Flächen I
436/436a Burau, Algebr. Kurven und Flächen II
439 Jaeckel, Würmer
440 Jaeckel, Weichtiere
441 Jaeckel, Stachelhäuter
442 Hannemann, Schwämme und Hohltiere
443 Gruner-Deckert, Krebse
444 Reichenow, Einzeller
445 Asmus, Physikal.-chem. Rechenaufgaben
447/447a Herter, Kriechtiere
448 Haltenorth, Manteltiere
452 Bahrdt-Scheer, Stöchiometrische Aufgabensammlung
468 Großmann, Vermessungskunde I
469 Großmann, Vermessungskunde II
476 Thum-Meysenbug, Die Werkstoffe des Maschinenbaues I
483 Henglein, Lötrohrprobierkunde
492 Stolz-Debrunner, Geschichte der lateinischen Sprache
499 Niese-Küchler, Autogenes Schweißen
500 Simmel, Hauptprobleme der Philosophie
536 Lehmann, Kant
538 Rumpf, Archäologie I
539 Rumpf, Archäologie II
540 Rumpf, Archäologie III
557 Nestle-Liebich, Gesch. der griech. Literatur II
561 Matthes, Werkzeugmaschinen I
562 Matthes, Werkzeugmaschinen II
564 Behn-Hoernes, Kultur der Urzeit I
565 Behn-Hoernes, Kultur der Urzeit II
566 Behn-Hoernes, Kultur der Urzeit III
571 Lehmann, Philosophie des 19. Jahrhunderts I
576/576a Moser, Gesangskunst
579 Müller-Schulze, Techn. Tabellen
580/580a Sedlaczek-Fischer-Buch, Walzwerke
583/583a Engel, Maschinen der Eisenhüttenwerke
584/584a Müller, Kinematik
585 Dehnert, Verkehrswasserbau I
587 Kalitsunakis-Steinmetz, Neugriech.-dt. Gesprächsbuch
589 Tochtermann, Maschinenzeichnen I
590 Tochtermann, Maschinenzeichnen II
594 v. Lengerken, Insekten
597 Dehnert, Verkehrswasserbau II
601 Mutschmann-Scherer, Engl. Phonetik
619/619a Buchwald, Kristalloptik
665 Ludin-Borkenstein, Wasserkraftanlagen I
666/666a Ludin-Borkenstein, Wasserkraftanlagen II
668 Knopp, Funktionentheorie I
677 Altheim, Röm. Geschichte II
679 Altheim, Röm. Geschichte III
684 Altheim, Röm. Geschichte IV
691 Fauser, Kulturtechn. Bodenverbesserungen I
692 Fauser, Kulturtechn. Bodenverbesserungen II
698/698a Schulze, Allgemeine u. physikalische Chemie II
703 Knopp, Funktionentheorie II
709 Lehmann, Philosophie des 19. Jahrhunderts II
711 Kesselring, Berechnung der Schaltgeräte
714/714a zur Megede, Technik selbsttätiger Regelungen
715 Zietemann, Dampfturbinen II
716 Zietemann, Dampfturbinen III
718 Neger-Münch-Huber, Laubhölzer
728/728a Pirani-Fischer-Runge, Graph. Darstellung in Wissenschaft u. Technik
735 Ekwall, Historische neuengl. Laut- und Formenlehre

746/746a Pfanzagl, Allg. Methodenlehre der Statistik I
747/747a Pfanzagl, Allg. Methodenlehre der Statistik II
756/756a Kalitsunakis, Gramm. d. Neugriech. Volksspr.
763/763a Beer-Meyer, Hebräische Grammatik I
764/764a Beer-Meyer, Hebräische Grammatik II
768/768a Bieberbach, Einführung in die konforme Abbildung
769/769a Beer-Meyer, Hebräisches Textbuch
770 Schlingloff, Religion des Buddhismus II
776 Kolms, Finanzwissensch. III
780 Krahe, Germ. Sprachwiss. II
781 Weigert, Stilkunde II
782 Kolms, Finanzwissensch. IV
786 Schulze, Molekülbau
796/796a Meiners-Wiesenewsky, Elektr. Höchstspannungs-Schaltanlagen
807 Kropp, Erkenntnistheorie
809 Moser, Harmonielehre I
810 Moser, Harmonielehre II
826 Koch, Philosophie d. Mittelalters
827 Schwaiger, Elektromotorische Antriebe
831 Erismann, Allg. Psychologie I
832/382a Erismann, Allg. Psychologie II
833 Erismann, Allg. Psychologie III
834/834a Erismann, Allg. Psychologie IV
837 Baumgartner, Gruppentheorie
845 Lehmann, Philosophie im ersten Drittel des 20. Jhs. I
847 Herter, Lurche
850 Lehmann, Philosophie im ersten Drittel des 20. Jhs. II
851/851a Moede, Psychologie des Berufs- und Wirtschaftslebens
857 Capelle, Griech. Philosophie I
858 Capelle, Griech. Philos. II
859 Capelle, Griech. Philos. III
862 Großmann, Vermessungskunde III
863 Capelle, Griech. Philos. IV
866 Bieler, Röm. Literaturgeschichte II
869 Freye, Vögel
875 Hofmann, Geschichte der Mathematik II
877 Knopp Aufgabensammlung zur Funktionentheorie I
878 Knopp. Aufgabensammlung zur Funktionentheorie II
881 Humburg, Gleichstrommaschine II
882 Hofmann, Geschichte der Mathematik III
883 Stuloff, Mathematik der neuesten Zeit
893 Treue, Dt. Geschichte von 1806—1890
894 Treue, Dt. Geschichte von 1890 bis zur Gegenwart
902 Müller, Dynamik I
903 Müller, Dynamik II
910 Jaeger, Afrika I
911 Jaeger, Afrika II
915 Sperber-Fleischhauer, Gesch. der Deutschen Sprache
917/917a Böhm, Versicherungsmathematik II
920 Hoheisel, Gewöhnliche Differentialgleichungen
921 Jantzen-Kolb, W. v. Eschenbach. Parzival
929 Schirmer-Mitzka, Dt. Wortkunde
930 Krull, Elementare und klassische Algebra I
931 Hasse, Höhere Algebra I
932 Hasse, Höhere Algebra II
933 Krull, Elementare und klassische Algebra II
936 Thum-Meysenbug, Werkstoffe d. Maschinenbaues II
952 Schäfer, Transformatoren
953 Zipperer, Techn. Schwingungslehre I
961/961a Zipperer, Techn. Schwingungslehre II
965 Dehnert, Wehr- und Stauanlagen
970 Baldus-Löbell, Nichteuklidische Geometrie

978 Kleinlogel, Baustoffverarbeitung und Baustellenprüfung d. Betons
984 Graf, Baustoffe des Hoch- und Tiefbaues
999/999a Kamke, Mengenlehre
1000 Jaspers, Geistige Situat. der Zeit
1003 Hoheisel, Partielle Differentialgleichung
1008/1008a Mellerowicz, Allgem. Betriebswirtschaftslehre I
1009 Bechert-Gerthsen-Flammersfeld, Atomphysik I
1014 Huttenlocher, Mineral- und Erzlagerstättenkunde I
1015/1015a Huttenlocher, Mineral- u. Erzlagerstättenkunde II
1017 Döring, Einführung in die theoret. Physik V
1020 Niese-Dienst, Elektrische Schweißverfahren
1031/1031a Apel-Ludz, Philosophisches Wörterbuch
1033 Bechert-Gerthsen-Flammersfeld, Atomphysik II
1034 Kranefeldt-Jung, Therapeutische Psychologie
1035 Altheim, Röm. Religionsgeschichte I
1039 Dovifat, Zeitungslehre I
1040 Dovifat, Zeitungslehre II
1044 Tölke, Talsperren
1045 Schubert, Technik des Klavierspiels
1051/1051a Stolberg-Wernigerode, Gesch. d. Vereinigten Staaten
1052 Altheim, Röm. Religionsgeschichte II
1057 Roth, Thermochemie
1059/1059a Hoheisel, Aufgabenslg. z. d. gew. u. part. Differentialgl.
1061 Grodzinski-Lechner, Getriebelehre I
1062 Grodzinski-Lechner, Getriebelehre II
1065 Haller-Dannenbauer, Von d. Karolingern zu den Staufern
1070 Sauter, Differentialgleichungen der Physik
1074 Koschmieder, Variationsrechnung I
1075 Koschmieder, Variationsrechnung II
1076/1076a Endres, Verbrennungsmotoren I
1077 Haller-Dannenbauer, Von den Staufern zu den Habsburgern
1078 Troche, Stahlbetonbau
1082 Hasse-Klobe, Aufgabensammlung zur höheren Algebra
1085 Lietzmann-Aland, Zeitrechnung
1086 Müller, Dt. Dichten und Denken
1088 Preller, Gesch. Englands II
1092 Wickop, Fenster, Türen, Tore
1094 Hernried, System. Modulation
1096 Viëtor, Dt. Dichten und Denken
1099 Hoheisel, Integralgleichungen
1105 Hartung, Dt. Geschichte im Zeitalter der Reformation
1108 de Boor-Wisniewski, Mittelhochdeutsche Grammatik
1109 Knopp, Elemente der Funktionentheorie
1111/1111a Naumann-Betz, Althochdt. Elementarbuch
1113/1113a Strubecker, Differentialgeometrie I
1114 Schubel, Engl. Literaturgeschichte I
1115 Ranke, Altnord. Elementarbuch
1116 Schubel, Engl. Literaturgeschichte II
1117 Haller-Dannenbauer, Eintritt der Germanen in die Geschichte
1121 Naumann, Dt. Dichten u. Denken
1122 Feist, Sprechen und Sprachpflege
1123/1123a Bechert-Gerthsen-Flammersfeld, Atomphysik III

1124 Schubel, Engl. Literaturgeschichte III
1125 Lehnert, Altengl. Elementarbuch
1127 Hartmann, Geschlecht u. Geschlechtsbestimmung im Tier- und Pflanzenreich
1128 Buchner, Symbiose der Tiere
1130 Dibelius-Kümmel, Jesus
1131 Scholz-Schoeneberg, Einführung in die Zahlentheorie
1132 Frühauf, Überspannungen
1134 Kuckuck, Pflanzenzüchtung I
1135 Lehnert, Beowulf
1137 Heil, Entwicklungsgesch. d. Pflanzenreiches
1138 Hämmerling, Fortpflanzung im Tier- und Pflanzenreich
1140 Unger, Induktionsmaschine
1141 Koller, Hormone
1142 Meissner-Lehnert, Shakespeare
1144 Oehler-Herberg, Festigkeitslehre I
1145/1145a Herberg-Dimitrov, Festigkeitslehre II
1146 Putz, Synchronmaschine
1147 v. Waltershausen, Kunst d. Dirigierens
1148 Pepping, Der polyphone Satz I
1152 Dehnert, Verkehrswasserbau III
1153/1153a Mellerowicz, Allgem. Betriebswirtschaftslehre II
1154/1154a Mellerowicz, Allgem. Betriebswirtschaftslehre III
1155 Schwartz, Mikrobiologie I
1156/1156a Meinke, Komplexe Berechnungen v. Wechselstromschaltungen
1157 Schwartz, Mikrobiologie II
1158 Mayrhofer, Sanskrit-Grammatik
1159 Jungbluth, Gießereitechnik I
1160 Dibelius-Kümmel, Paulus
1161 Kaestner, Spinnentiere
1162 Seidel, Entwicklungsphysiologie der Tiere I
1163 Seidel, Entwicklungsphysiologie der Tiere II
1164/1164a Pepping, Der polyphone Satz II
1165/1165a Bechert-Gerthsen-Flammersfeld, Atomphysik IV
1169 Paulsen, Allgemeine Volkswirtschaftslehre I
1170 Paulsen, Allgemeine Volkswirtschaftslehre II
1171 Paulsen, Allgemeine Volkswirtschaftslehre III
1172 Paulsen, Allgemeine Volkswirtschaftslehre IV
1173 Hamann-Funke-Hermann, Chemie der Kunststoffe
1176/1176a Lorenzen, Form. Logik
1178/1178a Kuckuck, Pflanzenzüchtung II
1179/1179a Strubecker, Differentialgeometrie II
1180/1180a Strubecker, Differentialgeometrie III
1181 Franz, Topologie I
1182 Franz, Topologie II
1183/1183a Nicolas, Finanzmathematik
1184 Endres, Verbrennungsmotoren II
1185 Endres, Verbrennungsmotoren III
1186/1186a Mellerowicz, Allgem. Betriebswirtschaftslehre IV
1187 Lau, Luther
1188/1188a Lehmann, Photogrammetrie
1189/1189a Päsler, Mechanik
1190 Stupperich, Melanchthon
1191/1191a Bräuer, Slav. Sprachwissenschaft I
1193 Fürstenberg, Wirtschaftssoziologie
1194 Wendt, Gesch. d. Volkswirtschaftslehre
1195 Ohm, Allgem. Volkswirtschaftspolitik I
1196 Ohm, Allgem. Volkswirtschaftspolitik
1197/1197a Onasch, Einf. in die Konfessionskunde der orthodoxen Kirchen
1198 Engel, Straßenverkehrstechnik

1199 Lausberg, Romanische Sprachwissenschaft III, 1. Teil

1200/1200a Lausberg, Romanische Sprachwissenschaft III, 2. Teil

1201/1201a Dehn, Versuche zur allgem. u. phys. Chemie

1202/1202a Nagel, Gesch. des christl. Gottesdienstes

1203 Wendland, Sozialethik

1204 Scheurig, Zeitgeschichte

1205/1205a Hofmann, Ideengeschichte d. soz. Bewegung

1206/1206a Langen, Lineare Programmierung

1207 Philipsborn, Erzkunde

1208 Lausberg, Romanische Sprachwissenschaft IV

1209/1209a Bock, Therm. Verfahrenstechnik I

1210/1210a Bock Therm. Verfahrenstechnik II

1211/1211a Bock, Therm. Verfahrenstechnik III

1212/1212a Hilf, Arbeitswissenschaft

1213 Kosiol, Buchhaltung und Bilanz

1216 Bauer, Wahrscheinlichkeitstheorie I

1217 Bauer, Wahrscheinlichkeitstheorie II

1218 Brandenstein, Griechische Sprachwissenschaft III

Autorenregister

120/I/64

www.ingramcontent.com/pod-product-compliance
Lightning Source LLC
La Vergne TN
LVHW092106300926
849161LV00002B/55
* 9 7 8 3 1 1 0 0 6 2 1 7 5 *